国家自然科学基金项目(31660236)资助出版

高原湿地植物高光谱
遥感反演研究

张　超　杨思林　余哲修　黄　田　著

科学出版社

北　京

内 容 简 介

本书简述了当前国内外湿地植物遥感反演方面的学术研究进展，以滇西北纳帕海和剑湖高原湿地为研究区，选取分布面积较大的典型高原湿地植物为研究对象，结合野外群落调查和光谱测定，以高光谱遥感影像（Hyperion 数据和 HJ-1A HSI 数据）为主要数据源，分别从典型湿地植物的高光谱遥感分类技术和理化参数高光谱估算模型研建两方面开展研究，旨在为今后基于遥感手段的高原湿地植物的监测、时空动态变化研究提供方法支持和参数借鉴。

本书可供从事高光谱遥感反演技术和湿地资源研究的相关科技人员参考。

图书在版编目(CIP)数据

高原湿地植物高光谱遥感反演研究 / 张超等著. — 北京：科学出版社，2021.1
ISBN 978-7-03-062149-8

Ⅰ.①高… Ⅱ.①张… Ⅲ.①光谱分辨率-光学遥感-应用-高原-沼泽化地-植物-研究-云南 Ⅳ.①Q948.527.4

中国版本图书馆 CIP 数据核字（2019）第 182087 号

责任编辑：孟 锐 / 责任校对：彭 映
责任印制：罗 科 / 封面设计：义和文创

科 学 出 版 社 出版
北京东黄城根北街16号
邮政编码：100717
http://www.sciencep.com

四川锦瑞印刷有限责任公司印刷
科学出版社发行 各地新华书店经销
*

2021 年 1 月第 一 版 开本：B5（720×1000）
2021 年 1 月第一次印刷 印张：11 1/2
字数：236 000
定价：88.00 元
（如有印装质量问题，我社负责调换）

前　　言

　　高原湿地研究是当前国内外湿地科学研究领域的热点之一。其中，高原湿地植物具有拦截径流污染物的缓冲功能、维持湖泊生物多样性并提供野生动植物栖息地的生态功能、防止土壤侵蚀的护岸功能等，是湖泊生态系统的重要组分。高原湿地生态系统十分脆弱，人类活动的加剧和自然因素的干扰已造成许多高原湿地生态系统被破坏和湿地资源丧失，导致大片自然湿地逐渐破碎分离。对高原湿地生态系统的演变以及植被养分状况进行及时、准确的监测和评价至关重要，有助于系统了解高原湿地动态演变的成因、机理、过程和规律，能够为高原湿地资源的保护、恢复和合理利用提供科学依据。

　　20 世纪 60 年代以来，国内外学者已在高原湿地生态系统的群落及环境特征、调查与监测手段、评价与恢复策略方面开展了广泛研究，初步掌握了高原湿地生态系统的组成、结构、分布和动态变化特征，成果显著。但是，长期监测数据的缺乏影响了研究结果的客观性和精确程度，"以空间替代时间"的被动研究策略亦导致了研究结果缺乏可比性。1991 年以来，逐步出现了基于遥感手段识别、反演和评价湖滨湿地植物的相关研究和有益探讨，为今后高原湿地研究提供了宏观、及时、精确的方法。然而，受到传统多光谱遥感诸多技术瓶颈的制约，对高原湿地植物的遥感反演、信息提取和主要养分状况的估测等研究至今未能取得理想成果。

　　高光谱遥感技术以其高光谱分辨能力、高时间采样频率和大范围同步成像等优势，为实现对高原湿地植物的精确反演和养分状况的准确估算创造了条件，能够从不同空间和时间尺度上准确、及时地获取高原湿地植物的数量、质量和动态变化。为此，结合前期的研究基础，本书研究团队选择滇西北纳帕海和剑湖高原湿地为典型研究区，重点研究和构建典型高原湿地主要优势种高光谱遥感反演模型及其养分状况高光谱遥感估测模型，旨在为今后高原湿地植物的监测、时空动态变化研究提供方法支持，具有重要的理论和现实意义。

　　本书以滇西北纳帕海和剑湖高原湿地为研究区，选取分布面积较广的典型植物种为研究对象，在进行系统的群落调查和光谱测定的基础上，基于高原湿地植物群落的 6 种光谱特征(包括原始光谱反射率、一阶微分变换光谱、二阶微分变换光谱、对数变换光谱、对数导数变换光谱和连续统去除光谱)分析结果，对高光谱遥感影像进行特征波段选择，利用主成分分析法进行数据降维，分别采用最大似然法、支持向量机两种方法对高光谱影像进行典型高原湿地植物群落的分类识别；在此基础上，针对反映植物养分状况的 8 个常规理化参数，分别从反射光谱特征分析、光谱特征与理化参数相关分析、理化参数估算建模等方面开展研究，旨在为今后高原湿地植物的监测、时空动态变化研究提供方法支持和参数借鉴。

由于笔者水平有限，书中难免存在不足之处，敬请读者指正。

目　　录

第1章 绪 论

1.1 研 究 背 景

《关于特别是作为水禽栖息地的国际重要湿地公约》中对湿地的定义为：不论其为天然或人工、长久或暂时性的沼泽地、泥炭地或水域地带，带有静止或流动的淡水、半咸水及咸水水体，包括低潮时水深不超过 6 m 的水域(Wilen and Tiner，1993)。湿地是地球上三大生态系统之一，能为人类的生产生活提供物质资源，具有保护物种多样性、稳定生态环境等重要功能(张树文 等，2013)。中国是世界上湿地资源较丰富的国家之一，湿地总面积为 $3.85×10^5$ km^2，位居世界第四(贾萍 等，2003；赵魁义，1999)，其中，高原湿地主要分布于西藏、青海和云南等地(彭涛，2008b)。高原湿地是当前国内外湿地科学研究领域的热点问题之一(赵志龙 等，2014)。位于云南西北部的高原分布有诸多类型独特的湿地，因其地理位置独特和复杂的生境，该区域的湿地具有丰富的物种多样性，在自然环境和人文社会方面均发挥着重要作用(彭涛，2008b)。高原湿地生态系统十分脆弱，人类活动的加剧和自然因素的干扰已造成许多高原湿地生态系统被破坏和湿地资源丧失，导致大片自然湿地逐渐破碎分离(李益敏和李卓卿，2013；汤蕾 等，2008)。因此，对高原湿地生态系统的演变及植被的养分状况进行及时、准确的监测和评价至关重要。

20 世纪 60 年代以来，国内外学者已在湿地生态系统的群落及环境特征、调查与监测手段、评价与恢复策略方面开展了广泛研究，初步掌握了湿地生态系统的组成、结构、分布和动态变化特征，成果显著。但是，长期监测数据的缺乏影响了研究结果的客观性和精确程度，"以空间替代时间"的被动研究策略亦导致了研究结果缺乏可比性。常规的湿地植物调查方法以地面调查为主，难以快速、及时地获取大尺度湿地植物的相关信息(柴颖 等，2015；张树文 等，2013)。1991 年以来，逐步出现了基于遥感手段识别、反演和评价湿地植物的相关研究和有益探讨(程志庆 等，2015；Alonzo et al.，2013；Kumar et al.，2013；李建平 等，2007)，为今后高原湿地研究提供了宏观、及时、精确的实现手段。高光谱遥感技术以其高光谱分辨能力、高时间采样频率和大范围同步成像等优势，为实现对高原湿地植物的精确反演和养分状况的准确估算创造了条件(Banskota et al.，2011；方红亮和田庆久，1998)，能够从不同空间和时间尺度上准确、及时地获取高原湿地植物的数量、质量和动态变化(Chanseok et al.，2011；韦玮 等，2010)。近年来，利用高光谱遥感技术进行湿地植物监测、植物群落分类、植物生物量估算等方面的探讨已较为广泛。通过高光谱遥感中狭窄的光谱波段(一般波段宽度小于10nm)反演湿地植物含水量和各类化学元素含量等信息，能够产生一条完整而连续的光谱曲线(Fava et al.，2009)，进而获得连续的植物光谱特征信息。然而，针对高原湿地植物主要理化参数的高光谱遥感反演技术的相关研究相对较少，仍停留在理论探索阶段(邱琳 等，2013；黄余春 等，2012；童庆禧 等，2006a)。

1.2　国内外研究进展

作为湿地遥感领域的研究前沿，成像高光谱遥感的出现填补了湿地植物理化参数反演的研究空白(孙永华 等，2018；Mercy et al.，2016)。利用高光谱数据反演得到的湿地植物反射光谱特征，能够用于研究湿地植物的分类，物质的成分、含量、存在状态、空间分布及动态变化(张超和王研，2010；吴见和彭道黎，2012)。

自20世纪80年代高光谱遥感技术诞生以来，伴随高光谱传感器的快速发展，高光谱遥感逐步应用于湿地研究领域(况润元 等，2017；童庆禧 等，2006b)。高光谱遥感影像具有极高的光谱分辨能力，在湿地研究中具有较多优势：①高光谱传感器可获取湿地水体、植物和土壤较为真实的连续光谱，通过数据和图像匹配技术可提高湿地分类的精度(柴颖 等，2015)；②高光谱遥感数据可提高对湿地混合像元的分解能力，获取最终光谱端元的真实光谱特征曲线，达到对湿地进行识别和划分的目的(邱琳 等，2013)；③高光谱遥感数据可反演湿地植物的叶面积指数、生物量和光合有效吸收系数等湿地植物理化参数，可进行湿地植物监测和植物生物量估算(李丹 等，2010)；④高光谱遥感数据可用于波谱角填图，在湿地遥感领域中可进行土壤湿度填图、植物生化成分定量填图等，为监测湿地植物和湿地植物精细分类研究提供科学依据(高鹏 等，2016)。

在湿地遥感中，成像高光谱技术主要应用于湿地土壤、植物和水体信息提取方面的研究(卫亚星和王莉雯，2017；姜海玲，2011)。近年来，国外已出现了利用高光谱遥感技术在湿地植物监测、植物群落分类、植物生物量估算等方面的研究和探讨(高灯州 等，2016；Schmid et al.，2004；Akira et al.，2003)。然而，针对高原湿地植物种类和主要理化参数的高光谱遥感反演技术的相关研究相对较少，仍停留在理论探索阶段(王莉雯和卫亚星，2016)。高光谱遥感比传统遥感具有更强的地物识别能力和定量反演能力，微观方面表现更为突出，在高原湿地植物的相关研究中必将发挥重要作用。

1.2.1　湿地植物类型的遥感分类技术

近年来，国内外利用遥感手段识别植物类型的研究已有较多尝试。Thomas(2001)应用高分辨率航空影像的多光谱和多时相信息进行了温带阔叶林单木水平上的树种识别研究，比较了单波段、单时相、多波段、多时相融合的分类精度。杨永恬等(2004)利用混合分类算法对同一地区多时相复合影像进行植物分类实验，验证了该算法在植物分类应用中具有提高分类精度、改善分类效果的优势。谭炳香(2006)利用 Hyperion 数据进行了植物类型识别的探讨，其总体分类精度达 87.04%。张超等(2011)通过基于空间分布特征的辅助分类和基于光谱特征的再分类过程，研究和探讨了西藏主要灌木林植物类型的遥感分类技术，对西藏主要灌木林植物类型的分类精度达到 70.64%。受到"同物异谱"和"同谱异物"现象的制约，利用遥感手段进行湿地植物类型/物种识别一直是主要的技术瓶颈(张超 等，2014)。常规的多光谱遥感数据(如 TM 传感器和 SPOT 传感器)对于湿地植物的研究仅限于红光吸收特征、近红外反射特征以及中红外水分吸收特征波段(朱蕾 等，2008)，受波段宽度、波段数量和波长位置的限制，多光谱遥感对湿地植物类型/物种识别不敏感。

高光谱遥感具有超高的光谱分辨率，能够识别细微的光谱变化，为定量研究植物光谱响应和物理机制提供了依据(童庆禧 等，2016)。目前，基于植物光谱特征的高光谱遥感分类技术是湿地植物类型/物种识别的主要实现手段之一，通过利用湿地植物所携带的丰富的光谱信息进行植物信息的识别和提取。高原湿地植物典型光谱特征是探索其植物类型/物种识别技术中关键和核心的研究内容(梁莉 等，2017)。高原湿地植物的典型光谱特征由其反射光谱特性决定，主要受其组织结构、生物化学成分和形态特征等影响(吴培强 等，2015)，具体表现为：色素吸收决定可见光波段的光谱反射率，细胞结构决定近红外波段的光谱反射率，水汽吸收决定短波红外波段的光谱反射率(吴建付 等，2009)。根据高原湿地植物在不同谱段内的典型反射光谱特征，进行光谱特征分析、波段选择和分类识别，是高原湿地植物类型/物种识别技术的理论基础。当前，国内外学者对于湿地植物类型/物种识别最常使用的方法包括支持向量机、判别分析法和光谱角制图等(Etteieb et al.，2013；梁亮 等，2010)。

植物具有独特的反射/辐射光谱特征。自 20 世纪 90 年代末起，高光谱遥感技术已被广泛用于湿地植物信息提取研究领域(史飞飞，2017)。Neuenschwander 等(1998)通过研究指出将高光谱技术应用于湿地植物识别方面将有利于提高遥感分类精度。Schmidt 和 Skidmore(2003)采用高光谱遥感影像的短波红外波段，对盐沼湿地植物进行了光谱特征提取，采用距离判定法选出了 6 个波段范围，对湿地植物进行了类型判别。Pinnel 等(2008)基于 2003 年 7 月～2004 年 6 月获取的机载高光谱遥感 HyMap 数据，获取了湖泊大型沉水植物的光谱反射率，并对光谱反射特性进行了分析。Filippi 和 Jensen（2007）采用人工神经网络分类方法，对 AVIRIS 遥感影像数据进行了湿地植物的识别研究。Tian 等（2010）利用高光谱遥感与多光谱遥感技术相结合的方法，对富营养化水体中的湿地植物分布特征进行了定量分析与遥感制图。

　　近年来，国内学者对高光谱遥感湿地植物信息提取与识别开展了一系列研究，并取得了一定成果。雷天赐等（2009）采用高程模型对鄱阳湖典型湿地植物的遥感信息进行了分类提取与识别，取得了较理想的分类结果。林川等（2013）对北京野鸭湖湿地开展研究，采用光谱特征变量进行湿地植物类型的分类识别，通过使用 FieldSpec 光谱测定仪获取野鸭湖湿地植物的冠层光谱，结合多元分析方法对 8 种湿地植物进行了识别，取得了较理想的分类精度。崔宾阁等（2015）在海洋科学研究报告中采用了典型高光谱图像端元提取算法，分别对 6 种端元提取算法进行了对比分析，通过均方根误差将所采集的波谱与已有的波谱库进行对比来确定方法是否具有物理意义，并对上述方法进行了对比评价。柴颖等（2016）基于光谱特征对湿地植物种类进行识别，基于一阶微分光谱特征和光谱吸收特征利用决策树进行分类，通过该方法实现了湿地典型植物类型的精细识别，取得了较好的分类效果。

1.2.2　植物物理参数的高光谱反演技术

　　关于植物种类的高光谱遥感分类技术目前仍处于理论探讨阶段。国内外利用遥感手段识别植物类型的研究已有较多尝试（梁志林 等，2017）。受到"同物异谱"和"同谱异物"现象的制约，利用遥感手段进行湿地植物类型/物种识别一直是主要的技术瓶颈。高光谱遥感具有超高的光谱分辨率，能够识别细微的光谱变化，为定量研究植物光谱响应和物理机制提供了依据。目前，基于植物光谱特征的高光谱遥感分类技术是湿地植被类型/物种识别的主要实现手段之一，通过利用湿地植物所携带的丰富的光谱信息进行植物种类信息的识别和提取。高原湿地植物典型光谱特征是探索其植物类型/物种识别技术中关键和核心的研究内容（姚阔 等，2016）。根据高原湿地植物在不同谱段内的典型反射光谱特征，进行光谱特征分析、波段选择和分类识别，是高原湿地植物类型/物种识别技术的理论基础。当前，国内外学者对于湿地植物类型/物种识别最常使用的方法包括支持向量机、判别分析法和光谱角制图等。

　　叶面积指数（leaf area index，LAI）是反映生态系统物质和能量交换的重要参数之一，可为植物冠层表面物质、能量交换的定量描述提供结构化的定量信息（祁敏和张超，2016；陈新芳 等，2005）。目前，国内外学者利用高光谱遥感技术反演叶面积指数多见于湿地植物研究领域，形成了植物指数法、物理建模法和混合像元分解等方法。靳华安等(2008)利用 CBERS-02 遥感影像对三江平原湿地植物进行研究，分析了 4 种湿地植物及样本总体的归一化植物指数 NDVI 与 LAI 之间的相关关系，建立了 NDVI 与不同湿地植物叶面积指数间的线性/非线性回归模型，认为 CBERS-02 遥感影像可用于较大区域湿地植物生理参数的反演研究。邢丽玮等(2013)结合地面实测高光谱反射信息和 Landsat5 TM 的多光谱数据进行波谱重采样，利用处理后的数据建立了沼泽植被叶面积指数的统计回归模型，提出用全波段归一化植物指数 H-FNDVI(R_{930}, R_{515})构建的估算模型精度较优，用高光谱窄波段特有的植物指数构建的估算模型效果更佳。Zomer 等(2009)利用 PROBE-1 机载高光谱遥感数据，讨论了建立波谱库、采样和收集的技术方法，认为湿地植物波谱库的建立具有重要价值。

生物量(biomass)是反映植被利用自然潜力的能力和衡量植被生产力水平的重要参数(薛立和杨鹏，2004)。由于生物量与 LAI、诸多植物指数间的相关性高，可利用 LAI、植物指数估测生物量(赵天舸 等，2016；Maire et al.，2008)。植物在可见光和近红外波段具有截然相反的强吸收和强反射的光谱特征，这是植物遥感识别和信息提取的理论基础。同时，植物指数能有效消除冠层几何特征、土壤背景和大气的干扰和影响(Elvidge and Chen，1995)。植被指数可通过可见光/近红外波段的线性/非线性组合或其比值求得。常用于植被长势遥感监测的植物指数包括归一化植物指数、差值植物指数、比值植物指数、土壤调整植物指数和垂直植物指数等。利用高光谱遥感构建的植物指数估算植物生物量，较多光谱宽波段构造的植物指数精度更高(Peng et al.，2003)。李凤秀等(2008a)利用 ASD FieldSpec 光谱仪实测地面光谱数据，构建了乌拉苔草(*Carex meyeriana*)生物量估算模型，认为利用全波段微分比值植物指数和全波段微分归一化植物指数建立的二次函数模型对乌拉苔草水上鲜生物量和干生物量的估算精度较高。章文龙等(2013)利用 ASD FieldSpec 光谱仪测定闽江口鳝鱼滩湿地芦苇(*Phragmites communis*)和短叶茳芏(*Cyperus malaccensis* Lam.var.*brevifolius* Bocklr.)的冠层反射光谱，同时测定了鲜生物量和植株密度，结果表明，考虑绿光改进的归一化植物指数建立的指数函数模型(利用高光谱数据)是估测芦苇鲜生物量和植株密度的最佳模型，归一化云指数建立的一次函数模型(利用高光谱数据)是估测短叶茳芏鲜生物量和植株密度的最佳模型。任广波等(2014)利用环境小卫星超光谱遥感数据，研究了芦苇和碱蓬(*Suaeda glauca* Bunge.)的生物量估测模型，认为利用简单植物指数和线性插值红边指数构造的线性回归模型估测芦苇生物量相关性高，R^2(相关系数的平方)达 0.71，利用以 NDVI 和优化土壤适应植物指数构造的线性回归模型估测碱蓬生物量相关性高，R^2 达 0.66。Klemas(2014)归纳了利用遥感研究沿海湿地植物生物量、叶面积指数、郁闭度等生物物理参数的研究进展，提出了通过机载和星载遥感数据，结合地面实测，可对生物量进行制图的研究方案。Barducci 等 (2009) 利用 CHRIS 高光谱遥感数据，研究了海岸湿地植物生物量等物理参数，结果表明，利用 CHRIS 高光谱遥感数据反演的物理参数接近地面实测结果。

1.2.3 植物化学参数的高光谱反演技术

不同的化学参数对于反映植物的养分状况具有不同作用。叶绿素(chlorophyll，包括叶绿素 a 和叶绿素 b) 是反映植物光合作用的主要成分，是重要的植物色素之一。类胡萝卜素包括胡萝卜素和叶黄素。花青素是一种水溶性色素，是构成花瓣和果实颜色的主要色素之一(Blackburn，2007)。植物营养元素主要包括氮、磷、钾(杨乐婵，2017)。氮是植物生长的重要营养元素，亦是地球养分循环的主要研究对象。磷无明显的高光谱吸收特征，但与某些化合物的高光谱特征有间接联系，在缺磷状态下，绿光和黄光具有更高的反射率和不同的红边位置(Milton et al.，1991)。钾含量高，则细胞壁越厚，近红外波段反射率高(田明璐，2017；Jokela et al.，1998)。水分是控制植物光合作用、呼吸作用和生物量的主要因素之一，水分亏缺将直接影响植物的生理生化过程和形态结构，从而影响植物生长(黄彦 等，2016；王洁 等，2008)。

植物的光谱曲线由其化学特征和形态特征共同决定。该特征与植物发育、健康状况和生长条件密切相关(肖艳芳，2013；Boochs et al.，2007)。各种化学成分均在特定波段处具有与其他物质可区分的吸收或光谱反射率曲线(佴袁勇，2011；沈艳，2006)。因此，利用高光谱遥感反演植物生物化学参数的可行性高。通过窄波段光谱反射率建立的化学参数估算模型能在一定程度上保证估算精度。湿地植物养分元素(包括 N、P、K、Ca、Mg 等)含量的估算常用遥感反演方法，包括回归模型法和光谱特征法(唐延林，2004)。

在高光谱遥感反演植被色素方面，李凤秀等 (2008b) 通过实测湿地小叶章(Deyeuxia angustifolia(Kom.) Y.L.Chang) 冠层光谱反射率曲线和叶绿素含量，研究与叶绿素 a 相关性最佳的几种植物指数，建立了小叶章叶绿素 a 含量的最佳估算模型，结果表明，全波段微分归一化植被指数、全波段微分差值植物指数和全波段微分比值植物指数构建的叶绿素 a 估算模型精度较高。章文龙等(2014)采集湿地秋茄(Kandelia candel(Linn.) Druce) 新鲜成熟叶片样品，通过保温、除尘等处理，在室内利用 ASD 光谱仪测定其叶绿素含量，认为叶绿素转化吸收反射指数、红边反射率植物指数中的 Vog_1、Vog_2 和 Vog_3 能较准确地估算不同生长期秋茄叶片的叶绿素含量，而 NDVI 和改进的叶绿素吸收反射指数的估算精度偏低。赵雅莉(2013)基于机载 AISA 高光谱影像，采用 ASD 光谱仪获取北京野鸭湖湿地自然保护区湿地典型植物的冠层高光谱反射率数据，同时在室内通过分光光度计测定植物的叶绿素含量，建立了叶绿素含量估算模型，结果表明，基于 AISA 影像数据计算得出的植物指数与叶绿素含量的相关性达 0.74。

在高光谱遥感反演植物营养成分方面，刘辉等(2014)实测了芦苇和香蒲(*Typha orientalis* Presl)的光谱反射率曲线，通过测定芦苇和香蒲氮元素含量估测了水体总氮含量，认为利用偏最小二乘法模型对芦苇拟合的效果最佳，R^2 达 0.85，可利用芦苇对氮的吸收特征模拟水体的总氮含量。刘克等(2012)利用 ASD 光谱仪实测了湿地芦苇和香蒲叶片的光谱和全氮含量，建立了光谱与全氮含量的关系模型，认为利用芦苇反射光谱建立的各种预测模型的精度均高于香蒲，偏最小二乘回归模型是建立湿地植物光谱与全氮含量关系的最优模型，R^2 达 0.80。谢凌雁(2010)利用 FOSS 等离子体发射光谱仪，对滇池福保人工湿地水生植物进行研究，测定了磷、钾、镁、钠、硅和钙等 13 种化学元素含量，结果表明，植物对营养元素的吸收不一定与环境中相应元素的浓度呈简单对应关系，研究的 7 种水生植物对氮、磷均有较强的富集作用。Bbalali 等(2013)研究了湿地植物状况与水质演变的耦合关系，测定了硫酸盐、亚硝酸盐、硅酸盐、硝酸盐、氨、磷酸盐和碳酸盐含量，建立了其与叶绿素 a 的关系模型。

高光谱遥感技术与传统多光谱遥感技术相比，既在一定程度上减少了外界因素对高原湿地植物理化参数反演的影响，又获得了更多如木质素、纤维素、红边指数等高原湿地植物及光谱特征参数。为了提高高原湿地植物信息和理化参数的反演精度，需要寻找更为高效的光谱分析算法和信息提取技术；同时，如何从大量冗余波段信息中快速提取有用信息，以实现高光谱遥感反演潜力的充分挖掘，亦是今后需要深入研究的一个重要问题。未来，建立完善的高原湿地植物反演模型将加快高光谱遥感在高原湿地方面的研究进展，以弥补传统研究手段的不足，具有重要意义。

1.3 主要研究内容

本书以滇西北纳帕海和剑湖高原湿地为研究区(纳帕海湿地受水位变化、过度放牧等影响，湿地生态系统退化严重；剑湖湿地因多年保护措施完善，保存较好)，选取分布面积较大的典型高原湿地植物为研究对象，分别从典型湿地植物的高光谱遥感分类技术和理化参数高光谱估算模型研建两方面开展研究。

1.典型湿地植物的高光谱遥感分类技术研究

以纳帕海湿地为研究区，选取翅茎苔草、鹅绒委陵菜、鸭子草、水蓼、水葱和发草群落 6 种典型高原湿地植物群落为研究对象，从以下三方面开展研究。

(1)典型湿地植物反射光谱特征分析。基于地面光谱测定数据，对6种典型高原湿地植物群落的原始光谱反射率做一阶微分、二阶微分、对数、对数导数和包络线去除等光谱变换，结合原始光谱反射率及变换后的光谱，对6种典型高原湿地植物的反射光谱特征进行分析，明晰并分别选出6种典型高原湿地植物的反射光谱差异区间，分析6种植物的光谱敏感性。

(2)高光谱遥感影像数据的降维处理。基于数据融合前后的高光谱遥感影像(Hyperion数据和HJ-1A HSI数据)，利用原始光谱反射率及光谱变换数据(一阶微分、二阶微分、对数、对数导数和包络线去除)，利用高光谱影像对应波长原则，研究并建立6种典型高原湿地植物与光谱反射率之间的定量关系，完成6种典型高原湿地植物的高光谱特征波段选取。利用主成分变换选取前4个主成分的特征提取方法完成高光谱遥感影像数据的降维处理。

(3)典型湿地植物的高光谱遥感分类。采用最大似然分类法和支持向量机分类法对高光谱遥感影像(Hyperion数据和HJ-1A HSI数据)进行6种高原湿地植物群落的分类识别和信息提取，并对分类结果进行精度检验；对比分析高光谱影像融合、降维处理和光谱变换对6种典型高原湿地植物遥感分类结果的提取效果。

2.典型湿地植物理化参数高光谱估算模型研建

以滇西北纳帕海和剑湖湿地为研究区，选取菰、水蓼、鹅绒委陵菜、华扁穗草、偏花报春和鸭子草6种典型高原湿地植物群落为研究对象，从以下三方面开展研究。

(1)典型植物种反射光谱特征分析。基于外业实测光谱数据，分别对6种典型高原湿地植物群落的原始光谱反射率做一阶微分、包络线去除、连续小波变换、波段自相关和窄波段NDVI等光谱变换，分析各高原湿地植物种的反射光谱特征。

(2)光谱变量与理化参数相关分析。基于外业实测光谱数据，分别分析原始光谱反射率及其一阶微分、"三边"参数、小波系数、窄波段NDVI和理化参数间与8个理化参数(磷含量、氮含量、钾含量、钠含量、含水率、相对叶绿素指数、鲜生物量和干生物量)的相关性。

(3)典型植物种理化参数估算建模。根据光谱变量和理化参数的相关性分析过程，筛选出各植物种各理化参数的最敏感波段，分别从基于外业实测光谱数据和基于高光谱遥感影像(Hyperion和HSI)两个方面,采用单变量回归、多元逐步回归、主成分回归、分段主成分回归和偏最小二乘回归建立理化参数的估测模型，并对模型精度进行检验，筛选各植物种各理化参数的最优估算模型。

1.4 技 术 路 线

技术路线如图 1-1 和图 1-2 所示。

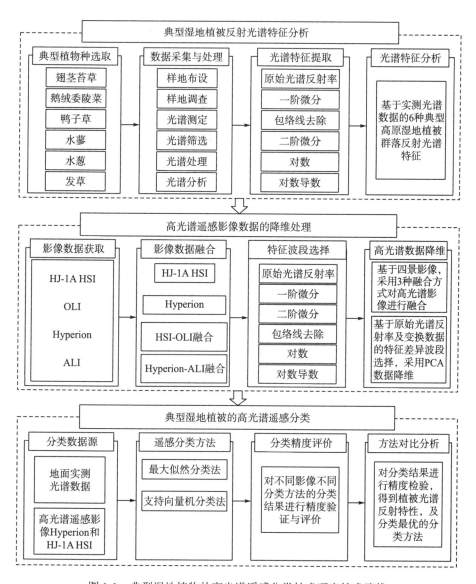

图 1-1 典型湿地植物的高光谱遥感分类技术研究技术路线

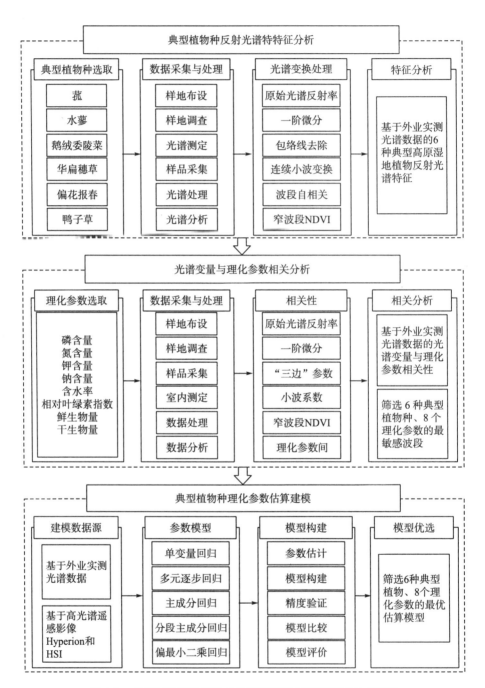

图 1-2 典型湿地植物理化参数高光谱估算模型研建技术路线

第2章 研究区概况与数据采集

2.1 研究区概况

2.1.1 地理位置

纳帕海湿地位于云南省迪庆州香格里拉市纳帕海自然保护区境内，介于东经 99°37′～99°40′、北纬 27°49′～27°55′，总面积约为 31.3 km²，平均海拔为 3266 m。剑湖湿地位于云南省大理州剑川县境内，介于东经 99°55′、北纬 26°28′，总面积约为 7.5 km²，平均海拔为 2186 m。研究区地理位置如图 2-1 所示。

(a)纳帕海湿地   (b)剑湖湿地

图 2-1 研究区地理位置

2.1.2 气候特征

纳帕海湿地属寒温带高原季风气候区西部型季风气候，受南北向排列的山地和大气环流的影响，全年盛行南风和南偏西风。干湿季分明，11 月至次年 5 月为明显干季，5～11 月为明显湿季。由于地处青藏高原东南延伸部分，纳帕海湿地具有明显的高原气候特征，太阳辐射强，平均年日照时数为 2180 h，气温年温差小，日温差大，长冬无夏，春秋短，年均气温为 5.4℃，年均降水量为 620 mm，霜期约为 125 d，9 月至次年 5 月多降雪。

剑湖湿地地处横断山区，位于高海拔、低纬度地区，气候受印度洋季风气候影响，属南温带冬干夏湿季风气候类型，干湿季分明，年温差小，日温差大，年平均气温为 12.3℃，最冷的 1 月均温为 4.5℃，最热的 7 月均温为 18.5℃，正常年份年降水量为 724 mm，无霜期为 151 d，年日照时数平均为 2218 h，多发生晚霜重冻、降温过早、干旱、洪涝和冰雹等自然灾害。

2.1.3　湿地植物资源

纳帕海湿地为由浅水沼泽湖泊湿地与周围的森林植被组成的湿地生态系统。水文季节性变化较大，在空间上形成了长年淹水区、季节淹水区、常年排水疏干区和人为垦殖区，不同区域由于各自环境条件分异致使植被类型丰富多样，具有亚高山草甸、亚高山沼泽化草甸、挺水植物群落、浮叶植物群落、沉水植物群落共 5 个植被亚型、15 个群落类型(挺水植物群落 6 个、浮叶植物群落 2 个、沉水植物群落 3 个、草甸群落 4 个)，另分布有人工种植的农作物。整个湿地区域共有湿地植物 115 种，隶属 38 科、82 属。纳帕海湿地植被的水蓼、鹅绒委陵菜、华扁穗草、偏花报春和鸭子草等分布面积最大。

剑湖湿地植被类型包括：草丛沼泽型群系 4 个，漂浮植物型、浮叶植物型、沉水植物型群系 10 个。沉水植被是剑湖湿地植被中分布面积最广、类型最丰富、多样性程度最高的类型。剑湖湿地共有维管植物 443 种，隶属于 112 科 281 属。其中，蕨类植物 10 科 14 属 20 种；种子植物 102 科 267 属 423 种(裸子植物 3 科 3 属 4 种；被子植物 99 科 264 属 419 种)。剑湖湿地植被以菰的分布面积为最大。

2.2　数据采集与测定

2.2.1　群落调查

(1)调查对象。在纳帕海湿地，选择分布面积较大的水蓼群落、鹅绒委陵菜群落、华扁穗草群落、偏花报春群落、鸭子草群落、翅茎苔草群落、水葱群落和发草群落为调查对象；在剑湖湿地，选择分布面积最大的菰群落为调查对象。各类群落的外业照片如图 2-2 所示。

(2)调查时间。在纳帕海湿地的调查时间为 2017 年 7 月 29 日～8 月 1 日，在剑湖湿地的调查时间为 2017 年 7 月 27 日。该时间段属于高原湿地植物的生长季。

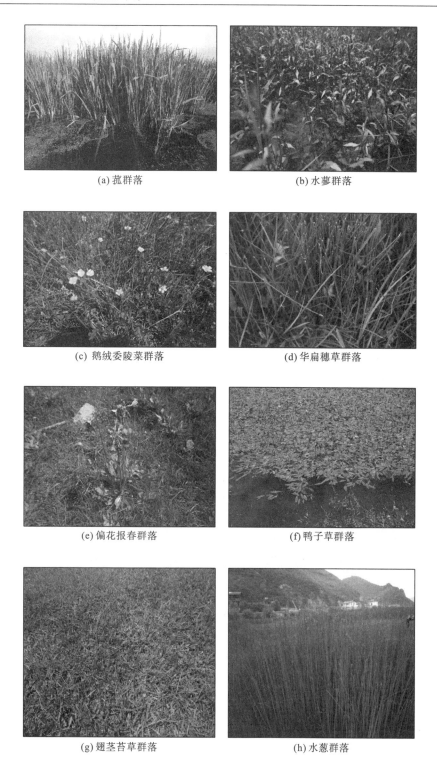

(a) 菰群落

(b) 水蓼群落

(c) 鹅绒委陵菜群落

(d) 华扁穗草群落

(e) 偏花报春群落

(f) 鸭子草群落

(g) 翅茎苔草群落

(h) 水葱群落

| (i) 发草群落 | (j) 实地采样 |

图 2-2　典型湿地植物群落及采样照片

(3) 样地布设。确定样地位置时,充分考虑植物的长势情况,按好、中、差 3 个梯度(依据植被盖度和平均高确定)分别设置;同种植物样地间隔大于 100 m;在上述 6 种植物占优势的典型地块设置若干个实测样地(表 2-1 和图 2-3)。

表 2-1　典型湿地植物群落野外采样汇总

物种名	拉丁名	科	样地数量/处	样方数量/处	实测光谱数量/条
菰	*Zizania latifolia* (Griseb.) Stapf	禾本科	33	528	1320
水蓼	*Polygonum hydropiper*	蓼科	12	192	480
鹅绒委陵菜	*Potentilla anserina*	蔷薇科	9	144	360
华扁穗草	*Blysmus sinocompressus*	莎草科	8	128	320
偏花报春	*Primula secundiflora*	报春花科	6	96	240
鸭子草	*Potamogeton tepperi*	眼子菜科	8	128	320
翅茎苔草	*Carex pterocaulos* Nelmes	莎草科	11	176	440
水葱	*Scirpus tabernaemontani*	莎草科	7	112	280
发草	*Deschampsia caespitosa* (Linn.) Beauv	禾本科	8	128	320

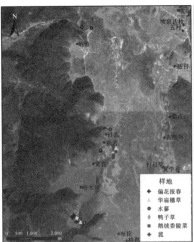 

| (a)纳帕海湿地 | (b)剑湖湿地 |

图 2-3　样地分布

(4)调查内容。调查内容主要包括群落名称、长势状况、积水情况、GPS 坐标及海拔、测定时间、天气状况、群落盖度、群落组成(株数组成)和样地照片等内容。

(5)样地规格。样地大小为 1 m×1 m,将整个样地划分为 16 个 0.25 m×0.25 m 的小样方。在样地内调查群落组成、盖度,每个样地选取 2 个样方实测光谱,每个样地选取 1 个样方采集样品。

(6)精度验证点。在纳帕海湿地区域内的典型地块随机设置 243 个快速识别点(精度验证点),记录 GPS 坐标和优势物种名,作为精度验证样本。

2.2.2　光谱采集与处理

(1)光谱测量。使用美国 ASD 公司的 FieldSpec 3 便携式地物光谱仪实测光谱。在 350~1500 nm 处的光谱分辨率为 3 nm,采样间隔为 1.4 nm;在 1500~2500 nm 处的光谱分辨率为 10 nm,采样间隔为 2 nm。进行光谱测量时,要求天气晴朗,无风,测量时间为 9:00~16:00。测量时,仪器探头垂直向下,距离地面约 1 m。在采集光谱前和测量过程中,根据太阳光线强度变化和测量环境实际情况随时进行白板校正,以保证数据质量。每个样地内选取 2 个样方,每个样方内测定 1 个样本,每个样本记录 20 条光谱。沉水植物从水中捞出放置于无干扰的白板上测量,非沉水植物在植物活体状态时测量。

(2)光谱处理。①利用 ViewSpecPro 软件剔除测量误差较大及不理想的曲线,以求得的平均值作为该种植物的光谱曲线。②ASD FieldSpec 3 光谱仪由 VNIR(350~1000 nm)512 单元硅光敏二极管阵列检测器、SWIR-1(1000~1830 nm)和 SWIR-2(1830~2500 nm)InGaAs 光敏二极管检测器三部分组成,不同类型的检测器之间的差异导致测量的光谱曲线在 1000 nm 处有间断点,通过 ViewSpecPro 中的 Splice Correction 功能消除光谱曲线"台阶跳跃"现象。在图 2-4(a)中,圆圈位置为跳跃处(1000 nm),图 2-4(b)为修复后的光谱曲线,从图中可明显看出修复后的光谱曲线表现更为准确。③由于测量环境、空气湿度和系统误差等影响,部分波段范围内的光谱曲线存在明显噪声,因此需要剔除这部分异常数据。将光谱曲线文件格式转换为 ASCII,导入 Origin 软件中,剔除噪声波段部分。④光谱曲线除存在噪声,还存在毛刺现象,需有针对性地进行平滑处理。利用 Savitzky-Golay 法进行平滑后的光谱曲线不仅能保留原始数据的主要信息,亦能减少由平滑引起的信号失真,计算过程为

$$Y_i = \frac{\sum\limits_{j=-m}^{m} C_j Y_{i+j}}{N} \tag{2-1}$$

式中,Y_i 为平滑后的数据;Y_{i+j} 为待处理数据;C_j 为滤波系数;m 为待平滑的点数

量，设各点为-m,-m+1,$\cdots$,m-1,m；N为平滑窗口包含的数据点2m+1。

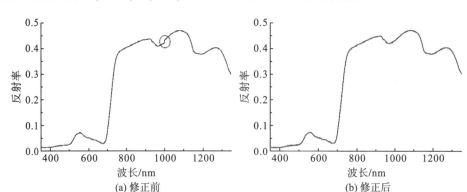

图 2-4　采样间断点修正

2.2.3　理化参数测定

(1) 鲜重和干重。采集样本后使用便携式电子天平(精度为 0.01g)称量鲜重；将样本带回室内置于烘箱中，在 80℃恒温下放置约 48 h 后取出，称量干重。

(2) 含水率。根据称量的鲜重和干重，采用式(2-2)计算含水率：

$$含水率=(鲜重-干重)/鲜重 \tag{2-2}$$

(3) 相对叶绿素含量(chlorophyll content index，CCI)。利用美国 Opti-Sciences 公司的 CCM-200 Plus 叶绿素仪在现场测定 CCI。CCI 测定原理为：叶绿素对红光和蓝光具有强吸收性，对绿光和红外光不吸收，利用此特性确定叶绿素相对含量。CCM-200 Plus 叶绿素仪通过测量叶片在 653 nm 和 931 nm 处叶绿素的不同吸收率确定 CCI。

(4) 磷含量。采用钼锑钪比色法测定，其原理为：利用氧化剂消煮分解样品中的有机物和有机含磷化合物，使其转化为磷酸盐，通过测定磷酸盐中的磷含量确定样品中的磷含量(鲁如坤，2000)。操作步骤：①将干重测定后的样品用粉碎机粉碎为固体粉末，每个样本使用分析天平量取 0.1 g 粉末置于消解管中，加入 5 mL 由浓 H_2SO_4 和 $HClO_4$ 配制的混酸(500 mL 浓 H_2SO_4 中加入 50 mL $HClO_4$)；②置于消解炉上消解，加温至约 340℃时，液体变为无色透明或乳白色且不再冒白烟时即消煮完成；③转移至 100 mL 容量瓶进行定容，再转移到细口瓶中静置过夜；④取 5 mL 上层清液于 50 mL 比色管中，定容至 20 mL，滴加 2～3 滴 2,4-二硝基酚，用 4 mol/L 的 NaOH 和 2 mol/L 的 H_2SO_4 调色至微黄色，加入 5 mL 钼锑抗显色剂，定容至 50 mL；⑤吸取 0 mL、1 mL、2 mL、4 mL、6 mL、8 mL、10 mL 磷标准溶液分别放入 50 mL 容量瓶中，按操作步骤④显色；⑥放置 30 min 后在波长为 700 nm 的条件下测定分光光度，采用分光光度计进行分析，绘制工作曲线。

(5) 氮含量。采用 H_2SO_4-混合加速剂-蒸馏法测定，其原理为：利用氧化剂消煮分解样品中的有机物和有机含氮化合物,使其转化为无机铵盐,通过测定无机铵盐中的氮含量确定样品中的氮含量。操作步骤:①配制定氮指示剂,分别称取 0.1 g 溴甲酚绿和 0.5 g 甲基红于研钵中,混合研磨 30 min,加少量 95%的乙醇,研磨至指示剂全部溶解,然后用 95%的乙醇定容至 100 mL;②称取 20 g 硼酸,在 60℃环境水浴溶解,定容至 1000 mL,再加入 10 mL 定氮指示剂;③使用测定磷含量时配制的消煮液,取 5 mL 上层清液于扩散皿外室,内室加入 3 mL 硼酸,涂胶盖上玻片,于外室中加入 10 mL 40%的 NaOH 后,放入培养箱(40℃)培养 8 h;④培养完毕取出,用 0.01 mol/L 的盐酸滴定内室溶液,滴至待测液的颜色接近硼酸颜色,最后记录消耗盐酸体积。

(6)钾含量。采用火焰光度法测定,其原理为:待测液经火焰光度计中的压缩空气,使溶液喷成雾状,与乙炔混合燃烧,溶液中钾离子被激发后发射出特征谱线,用单色器或干涉型滤光片将其从其余辐射中分离出来,照射至光电池上,将光能转变为光电流,由检流计量出光电流强度,当激发的条件一定时,光电流的强度与被测元素的浓度成正比(国家林业局,1999)。操作步骤:①吸取 100 μg/mL 钾标准溶液 0 mL、1 mL、2.5 mL、5 mL、10 mL、20 mL、30 mL 分别放入 50 mL 容量瓶中,加水定容配成 0 μg/mL、2 μg/mL、5 μg/mL、10 μg/mL、20 μg/mL、40 μg/mL、60 μg/mL 钾标准系列溶液;②使用火焰光度计,以配制的钾标准系列溶液为参考,调整检流计读数至 0,然后由稀至浓测定钾标准系列溶液的检流计读数,记录光度计面板显示生成的工作曲线;③以试剂空白溶液为参考调检流计读数至 0,用消煮待测液在火焰光度计上测得钾含量。

(7)钠含量。采用火焰光度法测定,原理同钾含量测定原理。操作步骤:吸取 100 μg/mL 钠标准溶液 0 mL、1 mL、2.5 mL、5 mL、10 mL、15 mL、20 mL 分别放入 50 mL 容量瓶中,加水定容配成 0 μg/mL、2 μg/mL、5 μg/mL、10 μg/mL、20 μg/mL、30 μg/mL、40 μg/mL 钠标准系列溶液,其余操作同钾含量测定步骤。

2.2.4　遥感影像获取

本书采用的高光谱遥感影像为 EO-1Hyperion 和环境一号卫星 HJ-1A HSI。分别获取与外业采样时间处于相同季节的上述遥感影像数据;同时,为提高原始影像的空间分辨率,选用 EO1 ALI 全色波段和 Landsat8 OLI 全色波段分别与高光谱遥感影像进行数据融合。

(1)Hyperion 高光谱遥感影像。Hyperion 是地球观测卫星 EO-1 携带的高光谱传感器。波长覆盖范围为 357~2567 nm,光谱分辨率为 10 nm,其 L1 级产品共有 242 个波段,其中 1~70 波段为可见光/近红外波段,71~242 波段为中红外波段。幅宽为 7.65 km、长为 185 km,空间分辨率为 30 m。Hyperion 波段设置如表 2-2 所示。

表 2-2 Hyperion 波段设置

通道	波段	波长/nm	成像状态
VNIR 通道	1～7	357～417	未经辐射校正
	8～55	426～895	经过辐射校正
	56～57	913～926	经过辐射校正(与 SWIR77～78 有重叠)
	58～70	936～1058	未经辐射校正
SWIR 通道	71～76	852～902	未经辐射校正
	77～78	912～923	经过辐射校正(与 VNIR56～57 有重叠)
	79～224	933～2396	经过辐射校正
	225～242	2406～2567	未经辐射校正

本书获取了研究区 L1 级数据，来源于美国地质勘探局(United States Geological Survey，USGS)。本书所采用的 Hyperion 高光谱遥感影像为一景 2015 年植物生长期(与外业调查时间处于同期)影像数据。该数据获取当天天气晴朗，大气能见度高，云量小于 5%，数据质量好。

(2)HSI 高光谱遥感影像。环境一号卫星于 2008 年 9 月 6 日发射升空，分为 HJ-1A 星和 HJ-1B 星，荷载参数如表 2-3 所示。HJ-1A 星搭载了 CCD 相机和 HSI。HSI 共设置 115 个波段，波长覆盖范围为 450～950 nm，平均光谱分辨率为 4.32 nm，空间分辨率为 100 m，幅宽为 50 km。

表 2-3 HJ-1A、HJ-1B 卫星主要载荷参数

平台	有效载荷	波段	光谱范围/μm	空间分辨率/m	幅宽/km
HJ-1A 星	CCD 相机	1	0.43～0.52	30	360(单台)，700(二台)
		2	0.52～0.60	30	
		3	0.63～0.69	30	
		4	0.76～0.90	30	
	HSI	—	0.45～0.95(110～128 个谱段)	100	50
HJ-1B 星	CCD 相机	1	0.43～0.52	30	360(单台)，700(二台)
		2	0.52～0.60	30	
		3	0.63～0.69	30	
		4	0.76～0.90	30	
	红外多光谱相机	5	0.75～1.10		720
		6	1.55～1.75	150(近红外)	
		7	3.50～3.90		
		8	10.5～12.5	300	

本书获取了研究区 L2 级数据产品，已经过波谱复原、辐射校正和系统几何校正，来源于中国资源卫星应用中心。

（3）EO1 ALI 全色波段影像。EO1 ALI 全色波段影像是 NASA（National Aeronautics and Space，美国国家航空航天局）为应对 Landsat TM 和 ETM+退役而研制出的替代数据，在 Landsat7 的光谱分辨率、空间分辨率等方面进行了改进和提高。EO1 ALI 包含 10 个波段，幅宽为 37 km，覆盖可见光、近红外、短波红外和热红外区域，波长范围为 480～2350 nm，多光谱波段空间分辨率为 30 m，全色波段空间分辨率为 10 m，波段设置如表 2-4 所示。本书选取与 Hyperion 传感器同时过境（成像时间相同）的 ALI 影像数据。

表 2-4　EO1 ALI 波段设置

波段	波段	波长/μm	空间分辨率/m
B01	全色波段	0.480～0.690	10
B02	MS-1	0.433～0.453	30
B03	蓝色波段 MS-1	0.450～0.515	30
B04	绿色波段 MS-2	0.525～0.605	30
B05	红色波段 MS-3	0.633～0.690	30
B06	近红外 MS-4	0.755～0.805	30
B07	近红外 MS-4	0.845～0.890	30
B08	MS-5	1.200～1.300	30
B09	中红外 MS-5	1.550～1.750	30
B10	中红外 MS-7	2.080～2.350	30

（4）Landsat8 OLI 全色波段影像。Landsat8 卫星由 NASA 研制并于 2013 年 2 月 11 日成功发射，搭载了 OLI（operational land imager）和 TIRS（thermal infrared sensor）传感器。OLI 传感器共设有 9 个波段，多光谱波段空间分辨率为 30 m，全色波段空间分辨率为 15 m，波段设置如表 2-5 所示。本书获取了与 HSI 高光谱遥感影像成像时间相同的 OLI 全色波段数据。

表 2-5　Landsat8 OLI 波段设置

波段	波段/μm	空间分辨率/m
1	0.433～0.453	30
2	0.450～0.515	30
3	0.525～0.600	30
4	0.630～0.680	30
5	0.845～0.885	30
6	1.560～1.660	30
7	2.100～2.300	30
8	0.500～0.680	15
9	1.360～1.390	30

第 3 章　高光谱遥感影像融合与降维处理

3.1　高光谱遥感影像预处理

3.1.1　Hyperion 数据预处理

Hyperion 数据中存在非正常像元现象，这些像元包括：未定标波段像元值为 0 的波段，出现一行或一列坏线的波段，受水汽影响导致噪声大的波段。由于光谱定标所致的光谱差异，即"Smile"效应，本书针对上述非正常像元的处理流程如图 3-1 所示，预处理后得到 Hyperion 反射率影像，为后续研究提供基础数据。

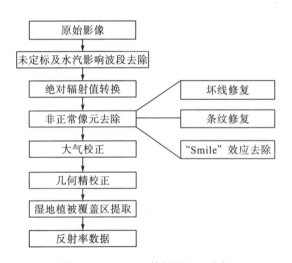

图 3-1　Hyperion 数据预处理流程

（1）未定标及水汽影响波段去除。Hyperion 高光谱遥感影像的 242 个波段中：①8～57 波段、77～224 波段进行了辐射定标；②1～7 波段、58～76 波段、225～242 波段未进行辐射定标；③一部分波段为近红外和短波红外的重叠波段（VNIR 56～57 与 SWIR 77～78），近红外波段较短红外波段的信噪比高，故采用 VNIR 56～57，剔除 SWIR 77～78。剔除未定标波段和重叠波段后共剩余 196 个波段。在 Hyperion 数据中，光谱范围为 1356～1417 nm、1820～1932 nm 和大于 2395 nm

的波段受水汽的影响较大，极少包含地面信息，因此剔除如下波段：121~126 波段、167~180 波段和 222~224 波段共 23 个波段，剔除后剩余 173 个波段，即：8~57 波段、79~120 波段、127~166 波段、181~221 波段。

（2）辐射定标。由于 Hyperion L1 级产品在生成时采用了扩大因子，在可见光和近红外波段分别采用了 2 套光谱仪采集信号，提供了 2 个光谱区域的辐射定标系数，VNIR 和 SWIR 的因子系数分别为 40 和 80。辐射能量值的计算方法为

$$SWIR = DN/80 \tag{3-1}$$

$$VNIR = DN/40 \tag{3-2}$$

式中，DN 为灰度量化级值；VNIR 为可见光、近红外波段；SWIR 为短波红外波段。

（3）坏线修复。由于传感器标定存在误差，在 Hyperion L1 级产品中仍然存在一些灰度值不正常的数据，通常将像元 DN 为 0 或远小于相邻像元值的像元称为坏像元。坏像元排列成一行或一列称为坏线。对 173 个波段进行逐波段检查，记录坏线存在的波段和对应的行列号 $D_t(i,j)$，然后用其相邻两侧像元 $\left[D_t(i,j+1)、D_t(i,j-1)\right]$ 取平均植的方法进行坏线修复，计算方法为

$$D_t(i,j) = \frac{D_t(i,j+1) + D_t(i,j-1)}{2} \tag{3-3}$$

通过坏线修复处理后，存在坏线的波段由于对其 DN 取相邻列均值进行替换，使得影像质量得以改善。对第 94 波段坏线修复前后的影像进行对比分析（图 3-2），明显看出存在坏线的区域得到了修复。

(a) 修复前　　　　　　　　　　　　(b) 修复后

图 3-2　坏线修复前后的影像对比

（4）"Smile"效应去除。"Smile"效应是指在图像垂直飞行方向上，像元的波长从中心位置向两边偏移的现象。Hyperion 数据产品普遍存在此现象，且 VNIR 波段和 SWIR 波段的光谱波长偏移量不同。VNIR 的偏移范围为 2.6～3.6 nm，SWIR 的偏移范围为 0.40～0.97 nm。小于 1 nm 的波长变化对地物识别结果无显著影响，但 VNIR 波段的波长偏移不能忽视，因为它改变了像元光谱，将降低分类精度。目前纠正"Smile"效应的方法较多，ENVI 软件中的 FLAASH 大气校正模型可降低"Smile"效应对 Hyperion 数据的影响。

（5）大气校正。大气校正的目的是消除大气和光照等因素对地物反射的影响，获得地表的真实物理模型参数。本书采用 FLAASH 大气校正模型。FLAASH 大气校正模型基于太阳波谱范围内（不包括热辐射）的标准平面朗伯体或近似平面朗伯体在传感器处接收到的单个像元光谱辐射亮度值，其数学表达式为

$$L = A\rho/(1-\rho_e S) + B\rho_e/(1-\rho_e S) + L_\alpha \tag{3-4}$$

式中，$A\rho/(1-\rho_e S)$ 为太阳辐射经大气入射到地表后又经大气反射后直接到达传感器的一部分辐射；$B\rho_e/(1-\rho_e S)$ 为经过大气散射后的一部分辐射；L_α 为太阳辐射经大气散射的散射光，直接进入传感器的一部分辐照度。

经过 FLAASH 大气校正后，去除了大气对成像过程的干扰，使得光谱曲线特征更能反映地物真实的信息（图 3-3），影像色彩基本保持一致，反射辐射度发生了明显变化，对比度提高，图像细节更加清晰（图 3-4）。

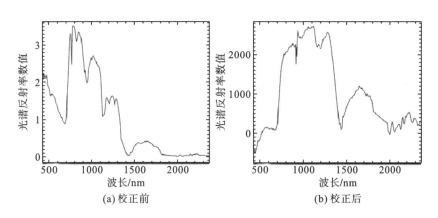

(a) 校正前   (b) 校正后

图 3-3　FLAASH 大气校正前后光谱曲线对比

（6）几何精校正。以已经过几何校正的 Landsat8 OLI 影像为基准，均匀选取 25 个地面控制点，采用二元二次多项式校正模型进行配准，均方根误差（RMSE）为 0.126 个像元，即误差范围为 3.78 m；再采用最近邻距离法对其进行重采样，确保其光谱特征，实现对 Hyperion 影像的几何精校正。

图 3-4　Hyperion 大气校正结果（R：band 205；G：band 55；B：band 13）

　　(7)非植被区域去除。为了防止非植被区域像元对分类过程的干扰和混淆，将非植被区域像元去除，以简化研究区内的像元类型，可提高计算效率和最终分类精度。研究区内非植被区域地物主要为居民用地和道路。本书利用 NDVI 对非植被区域训练样本进行选取，通过支持向量机分类方法将居民用地和道路进行去除（图 3-5）。

(a) 去除前　　　　　　　　　　　　(b) 去除后

图 3-5　非植被区域去除前后对比

3.1.2　HSI 数据预处理

　　本书使用的 HJ-1A HIS 为 L2 级数据产品，已经过波谱复原、辐射校正和系统几何校正，只需进行几何精校正和大气校正。影像预处理前后对比如图 3-6 所示。

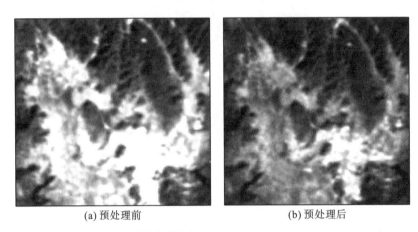

(a) 预处理前　　　　　　　　　　　　(b) 预处理后

图 3-6　HSI 预处理前后对比（R：band 63；G：band 37；B：band 6）

　　(1) 几何精校正。以 Landsat8 OLI 影像为基准影像，选取地面控制点，对 HSI 影像进行几何精校正，RMSE 为 0.389 个像元。

　　(2) 大气校正。采用 FLAASH 大气校正模型消除由大气散射、气溶胶等对地表反射率引起的辐射误差的影响。

3.2　高光谱遥感影像融合处理

　　分别采用 GS（Gran-Schmidt）、NN Diffuse 和主成分变换 3 种融合方法，对 Hyperion 影像及与其同步的 ALI 全色波段影像进行融合，对 HSI 影像和 Landsat8 OLI 15 m 全色波段进行融合。

　　(1) Hyperion 影像与 ALI 全色波段影像融合。将 Hyperion 影像与 ALI 全色波段影像进行 3 种融合变换，融合结果如图 3-7 和图 3-8 所示。

　　由图 3-7 可以看出，影像融合后的效果均较融合前好。采用 GS 融合后的影像清晰度高于采用 NN Diffuse、主成分变换融合后的影像。从图 3-8 中可以看出，通过影像融合，改善了原始高光谱影像的质量，且较好地保存了原始光谱反射率信息，故本书采用 GS 融合方法。采用 GS 融合后的影像空间分辨率有了明显提高，图像更加清晰，色彩细节更加丰富，同时较好保持了原始细节，未发生显著形变。

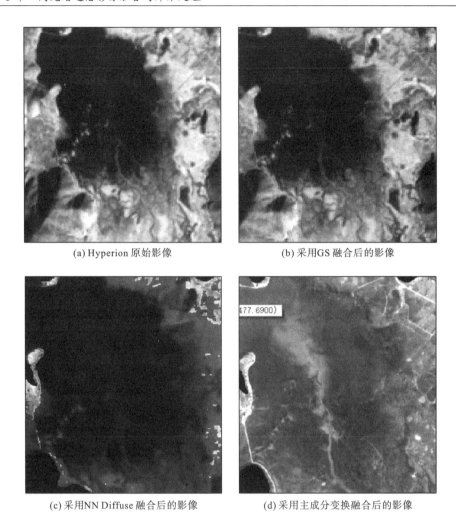

(a) Hyperion 原始影像　　　　　　　　(b) 采用GS 融合后的影像

(c) 采用NN Diffuse 融合后的影像　　　　(d) 采用主成分变换融合后的影像

图 3-7　Hyperion 原始影像及融合后影像（R：band 205；G：band 55；B：band 13）

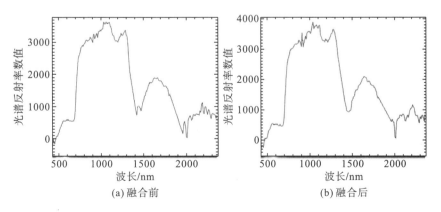

(a) 融合前　　　　　　　　　　　　(b) 融合后

图 3-8　融合前后的光谱反射率曲线

(2)HIS 影像与 OLI 全色波段影像融合。采用 GS 融合方法对 HSI 影像和 OLI 全色波段影像进行融合，融合前后影像对比如图 3-9 所示。

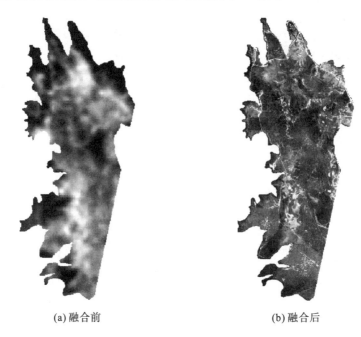

(a) 融合前   (b) 融合后

图 3-9　HIS 影像融合前与融合后（R：band 63；G：band 37；B：band 6）

从融合前后影像可以直观看出，采用 GS 融合算法对 HSI 影像与 OLI 全色波段影像进行融合后，影像质量得到了较大改善，融合后的影像变得更加明亮清晰，色彩细节变得更加丰富，同时较好保持了原始细节特征，未发生显著形变。

3.3　高光谱遥感影像降维处理

相对于传统的多光谱遥感影像，高光谱遥感影像的光谱信息更加丰富，可用于识别地物的波段更多，但其数据量大，为数据处理和分析带来了不便。同时，不同地物仅在特定波段才反映其独特的光谱特性。对于湿地植物，在可见光和近红外波段具有独特的光谱反射特性。为了去除高光谱影像的无关波段和冗余信息，保留有用的光谱信息，数据降维技术应运而生。

特征波段选择是指从高光谱影像的原始波段中选出包含目标地物光谱特征的波段，既能有效识别地物，又能准确表示地物独特信息的特征波段子集或者简化的特征空间变量。特征波段选择可将原始波段的有用信息最大程度地映射到新的特征空间，同时强化对地物识别能力的光谱波段范围。特征波段选择的步骤如图 3-10 所示。

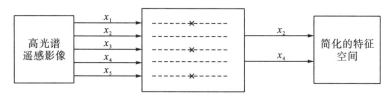

图 3-10　特征波段选择步骤

注：$x_1 \sim x_5$ 为波段

特征提取是指将原始光谱波段的信息通过映射关系重构到新的低维特征空间中。与原始特征波段相比，新的特征空间的光谱波段进行了优化重组，优化后的特征空间既保留了原始光谱的有用信息，又通过优化重组的方式降低了原始波段的数据维数。特征提取的步骤如图 3-11 所示。图中 $F(x_1,x_2,\cdots,x_5)$ 是一个映射关系，表示将一个高维特征空间映射到一个新的优化低维特征空间中。通过特征提取进行数据优化重组降维，保留了大部分原始信息。对于遥感分类和信息提取，合理的提取方法能使同种地物样本准确聚类，不同地物样本分离。光谱特征提取对波段光谱信息进行优化重组后具有诸多优点，但其改变了波段的物理意义，特征提取后的波段不再具有实际意义。

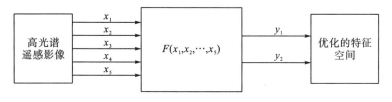

图 3-11　特征提取步骤

基于湿地植物光谱特征分析的高光谱数据降维的原理如下：利用实测光谱反射率、一阶微分、二阶微分、对数、对数导数和连续统去除 6 种光谱反射率曲线的光谱分析结果，采用对应波长原则，分别对原始光谱影像进行数据降维处理，将原始高光谱遥感影像波段进行波段划分，在此基础上利用分段主成分分析特征提取方法，选出每个分段的波段最优子集 $(n_1,n_2,\cdots,n_s)$，利用提取的最优子集进行湿地植物类型的遥感分类。

3.3.1　特征波段选择

3.3.1.1　基于原始光谱反射率的波段选择

纳帕海湿地典型植物 ASD 光谱仪的原始光谱反射率曲线如图 3-12 所示。通过对 6 种典型湿地植物群落进行光谱特征分析可知，在光谱反射率曲线上共有 5 个可用于区分 6 种植物的特征差异区间。540～570 nm：此光谱区间出现第一个反射峰，位于可见光绿光波段，叶绿素吸收较强，光谱曲线呈反射峰状，受叶绿素含量和植被结构的影响，在此光谱区间内，各植物光谱反射率间的差异特征较显著。660～670 nm：此光谱区间位于可见光波段，受叶绿素含量下降的影响，靠近第一个植物光谱反射率的吸收谷，在此光谱区间内，各植物光谱反射率间的差异特征较显著。740～750 nm：位于可见光红光与近红外波段的过渡区域、红边附近，在此光谱区间内，6 种植物的反射率变化较大。890～900 nm：位于近红外波段，此光谱区间内的光谱反射率主要受植物体内水分对反射光谱能量的吸收能力的影响。1060～1070 nm：此光谱区间位于近红外波段，受叶绿素含量反射峰下降的影响，靠近第一个植物光谱反射率的吸收谷，在此光谱区间内，各植物光谱反射率之间的差异特征较显著，尤其是鸭子草、发草与其他植物的光谱反射率具有较大区别，可用此光谱区间对上述 2 种植物进行精准识别。依据对应波长原则，对高光谱遥感影像进行特征波段选择，结果如表 3-1 所示。

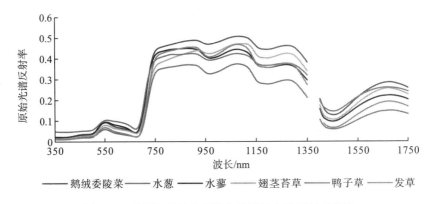

图 3-12　纳帕海湿地典型植物的原始光谱反射率曲线

表 3-1　纳帕海湿地典型植物基于原始光谱反射率的特征波段选择

特征差异区间/nm	Hyperion 影像	Hyperion 融合影像	HSI 影像	HSI 融合影像
540～570	20～22	12～15	34～44	34～44
660～670	31、32	24、25	68～71	68～71
740～750	39、40	32、33	86、87	86、87
890～900	53～55	47、48	108、109	108、109
1060～1070	92、93	66、67	—	—

在根据原始光谱反射率选择特征波段时，Hyperion 影像与其融合影像的波段不同，这是由于 Hyperion 影像在预处理过程中剔除了部分效果不佳的波段，融合后波段按顺序进行了重新排列；HSI 影像选出的特征波段与 Landsat8 OLI 全色波段融合影像一致，由 HSI 预处理未剔除波段所致。

3.3.1.2　基于原始光谱反射率一阶微分的波段选择

纳帕海湿地典型植物原始光谱反射率一阶微分曲线如图 3-13 所示。通过对 6 种湿地植物的一阶微分特征进行分析，得到差异特征波段区间；依据波长对应原则，对高光谱遥感影像进行特征波段区间选择，结果如表 3-2 所示。

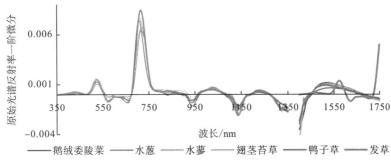

图 3-13　纳帕海湿地典型植物的原始光谱反射率一阶微分曲线

表 3-2　纳帕海湿地典型植物基于原始光谱反射率一阶微分的特征波段选择

特征差异区间/nm	Hyperion 影像	Hyperion 融合影像	HSI 影像	HSI 融合影像
700～730	35～38	28～31	77～83	77～83
780～810	43～46	36～39	92～97	92～97
1100～1190	95～105	70～79	—	—
1300～1350	115～120	90～94	—	—

纳帕海湿地 6 种植物的光谱特征经一阶微分变换后差异更加显著。一阶微分变换后的特征差异区间为：700～730 nm、780～810 nm、1100～1190 nm 和 1300～1350 nm。700～730 nm：位于可见光红光波段至近红外波段的过渡区域、植被光谱曲线典型的红边位置附近，反射率的变化最为剧烈，在此光谱区间内，各植被原始光谱反射率的一阶微分值差异较大。780～810 nm：位于近红外波段、典型植物光谱曲线的红边位置附近，植物的反射率变化最快。1100～1190 nm：位于短波红外波段，在此波段内，植物受其体内液态水对光谱能量吸收的影响，在原始光谱反射率一阶微分曲线上形成一个吸收谷。1300～1350 nm：位于短波红外波段，在此波段内，植物受其体内液态水对光谱能量吸收的影响，各植物原始光谱反射率一阶微分之间的差异特征较显著。

3.3.1.3　基于原始光谱反射率二阶微分的波段选择

纳帕海湿地 6 种典型湿地植物群落的原始光谱反射率二阶微分曲线如图 3-14 所示。

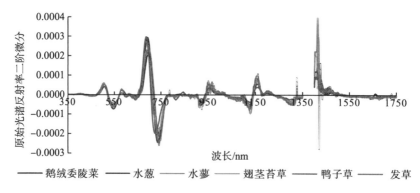

图 3-14　纳帕海湿地典型植物的原始光谱反射率二阶微分曲线

　　基于 6 种湿地植物的原始光谱反射率二阶微分在光谱曲线上的差异特征，得到 5 个特征差异区间，分别为：660～710 nm、720～790 nm、810～900 nm、930～950 nm 和 1400～1460 nm。660～710 nm：位于可见光红光波段，受叶绿素原始光谱反射率反射峰下降的影响，靠近第一个植物原始光谱反射率的吸收谷，原始光谱反射率二阶微分的斜率最大。720～790 nm：位于可见光红光波段至近红外的过渡区域、光谱反射率曲线典型的红边位置附近。810～900 nm：位于植物近红外波段，是反映植物特征最显著的波段区域。930～950 nm：位于近红外波段，此光谱区间内主要受植物体内水分对反射光谱能量的吸收能力的影响。1400～1460 nm：位于短波红外波段，是高光谱遥感影像波长范围覆盖广的具体体现，在此光谱区间内，各植物原始光谱反射率二阶微分值差异较大。采用对应波长原则对高光谱遥感影像进行选择，结果如表 3-3 所示。

表 3-3　纳帕海湿地典型植物基于原始光谱反射率二阶微分的特征波段选择

特征差异区间/nm	Hyperion 影像	Hyperion 融合影像	HSI 影像	HSI 融合影像
660～710	30～32	23～29	66～79	66～79
720～790	37～44	30～37	81～94	81～94
810～900	46～55	39～48	97～109	97～109
930～950	79～81	53～55	113～115	113～115
1400～1460	127～131	95～106	—	—

3.3.1.4　基于原始光谱反射率对数光谱的波段选择

　　纳帕海湿地 6 种典型湿地植物的原始光谱反射率的对数曲线如图 3-15 所示。

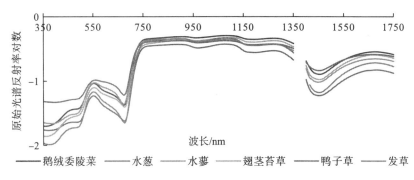

图 3-15　纳帕海湿地典型植物的原始光谱反射率对数曲线

基于 6 种湿地植物的原始光谱反射率计算其对数，由图 3-15 可以看出，不同植物原始光谱反射率经对数变换后的差异明显增大。根据原始光谱反射率对数在光谱波段上的差异特征选出 4 个特征差异区间：400～500 nm、750～800 nm、930～950 nm 和 1430～1490 nm。400～500 nm：位于可见光绿光波段，叶绿素吸收较强，曲线呈反射峰状，由于受叶绿素含量和植物结构的影响，6 种植物的原始光谱反射率的对数值各不相同。750～800 nm：位于可见光红光波段至近红外波段的过渡区域、植物光谱曲线典型的红边位置附近，各植物的对数值各不相同，在此光谱区间内，各植物原始光谱反射率之间的差异特征较为明显。930～950 nm：位于近红外波段，是反映植被特征最显著的波段区域，在此光谱区间内，各植物原始光谱反射率对数的趋势一致，但值各不相同。1430～1490 nm：位于短波红外波段，在此光谱区间内，各植物原始光谱反射率对数值差异较大。采用对应波长原则进行特征波段选择，结果如表 3-4 所示。

表 3-4　纳帕海湿地典型植物基于原始光谱反射率对数的特征波段选择

特征差异区间/nm	Hyperion 影像	Hyperion 融合影像	HSI 影像	HSI 融合影像
400～500	8～16	1～8	1～19	1～19
750～800	40～45	33～38	87～95	87～95
930～950	79～81	53～55	113～115	113～115
1430～1490	128～135	97～102	—	—

3.3.1.5　基于原始光谱反射率对数导数的波段选择

对湿地植被原始光谱反射率进行对数变换后再进行一阶求导，可避免光照条件变化引起的乘性因素及低频噪声的干扰。纳帕海湿地 6 种典型湿地植物原始光谱反射率对数导数曲线如图 3-16 所示。

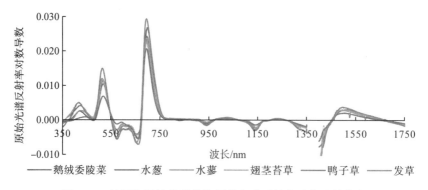

图 3-16　纳帕海湿地典型植物原始光谱反射率对数导数曲线

依据对应波长原则对 Hyperion 高光谱遥感影像进行特征波段区间选择，共选出 4 个特征差异区间。400～460 nm：位于可见光绿光波段，叶绿素吸收较强，光谱曲线呈反射峰状，由于受叶绿素含量和植物结构的影响，6 种植被的原始光谱反射率对数导数值差异较大。500～520 nm：位于可见光绿光波段，各植物的对数导数值各不相同，在此光谱区间内，各植物原始光谱反射率对数导数值间的差异特征显著。690～700 nm：位于可见光波段，是反映植物特征最显著的波段区域，在此光谱区间内，各植物原始光谱反射率对数导数的趋势一致，但值各不相同。1480～1520 nm：位于短波红外波段，在此光谱区间内，各植物原始光谱反射率对数导数值差异较大，6 种植物原始光谱反射率的对数导数曲线在此位置趋势一致，达到谷值，但互不相交，易于区分。采用对应波长原则对高光谱遥感影像进行选择，结果如表 3-5 所示。

表 3-5　纳帕海湿地典型植物基于原始光谱反射率对数导数的特征波段选择

特征差异区间/nm	Hyperion 影像	Hyperion 融合影像	HSI 影像	HSI 融合影像
400～460	8～12	1～4	1	1
500～520	15～18	8～10	19～27	19～27
690～700	34、35	27、28	75～77	75～77
1480～1520	113～115	102、105	—	—

3.3.1.6　基于原始光谱反射率连续统去除的波段选择

纳帕海湿地 6 种典型湿地植物原始光谱反射率连续统去除曲线如图 3-17 所示。共选出 5 个特征差异区间：430～530 nm、550～730 nm、930～1050 nm、1100～1250 nm 和 1400～1550 nm。430～530 nm：位于可见光波段，叶绿素吸收较强，在 420～490 nm 波段类胡萝卜素吸收较强，光谱呈吸收特性，受叶绿素含量和植物结构的影响，6 种植物的原始光谱反射率连续统去除值差异明显，易于识别。550～730 nm：位于可见光绿光波段，在此光谱区间内，各植物原始光谱反射率连续统去除值存在一定差异。930～1050 nm：位于近红外波段，由植物体内水分对光谱能量的吸收决定，在此区间内，各植物原始光谱反射率连续统去除曲线的趋势一致，但值各不相同。1100～1250 nm：位于短波红外波段，由植物体内水分对光谱能量的吸收决定，在此光谱区间内，各植物原始光谱反射率连续统去除值差异较大，可用此波段范围对 6 种植物群落进行较好的识别。1400～1550 nm：位于短波红外波段，在此光谱区间内，各植物原始光谱反射率连续统去除值差异较大。波段选择结果如表 3-6 所示。

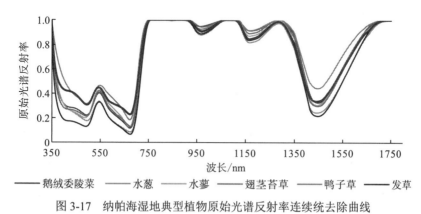

图 3-17　纳帕海湿地典型植物原始光谱反射率连续统去除曲线

表 3-6　纳帕海湿地典型植物基于原始光谱反射率连续统去除的特征波段选择

特征差异区间/nm	Hyperion 影像	Hyperion 融合影像	HSI 影像	HSI 融合影像
430～530	8～18	1～11	1～31	1～31
550～730	21～38	14～30	38～83	38～83
930～1050	79～91	53～65	113～115	113～115
1100～1250	96～111	70～85	—	—
1450～1550	131～140	99～108	—	—

由于 HSI 影像的波段设置为 115 个波段，最大光谱值为 950 nm，故 HIS 影像及其融合影像在 950 nm 之后的光谱范围内无特征波段。根据原始光谱反射率的连续统去除曲线计算各光谱曲线的波段深度。因波段深度的特征差异区间与连续统去除值一致，故不再单独选择特征波段。

3.3.2　特征提取

通过上述特征波段选择方法得出的特征波段数量仍较大，因此，需对特征波段再次进行降维处理。特征提取是高光谱数据降维的一种方法，通过特征提取可减少高光谱数据的高冗余度和相关性，不仅可减少数据运算量，而且能够提高分类识别的精度。

　　特征提取方法较多，本书在已有研究基础上选择效果较好且应用广泛的主成分分析（principal component analysis，PCA）法。主成分分析可将原来多个波段综合为少数几个相互独立的新波段，转化后的波段间消除了相关性，且包含了原始波段绝大部分的信息。基于主成分分析特征提取的数据降维方法对高光谱遥感影像的压缩效果较好。主成分分析的原理是通过一个正交变换将原随机变量转化为新的不相关变量，将原随机变量的协方差矩阵转换为对角矩阵，进而对变量数据进行降维处理。在特征提取方法中，主成分分析类似于一种基于最小均方根误差的提取方法。

　　通过计算发现，经主成分分析变换后得到的4个综合波段包含原始数据95%的信息量，因此，选取此4个综合波段进行数据降维，降维结果如图3-18～图3-23所示。

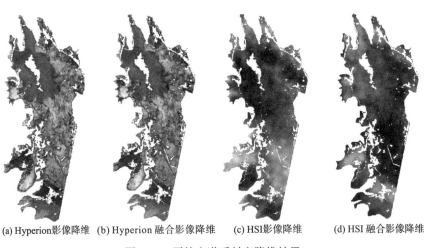

(a) Hyperion影像降维　(b) Hyperion融合影像降维　　(c) HSI影像降维　　(d) HSI融合影像降维

图 3-18　原始光谱反射率降维结果

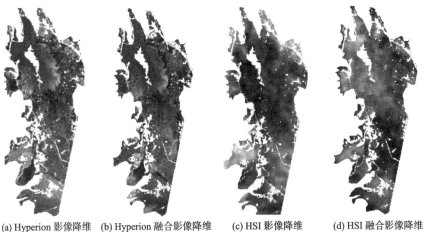

(a) Hyperion影像降维　(b) Hyperion融合影像降维　　(c) HSI影像降维　　(d) HSI融合影像降维

图 3-19　一阶微分降维结果

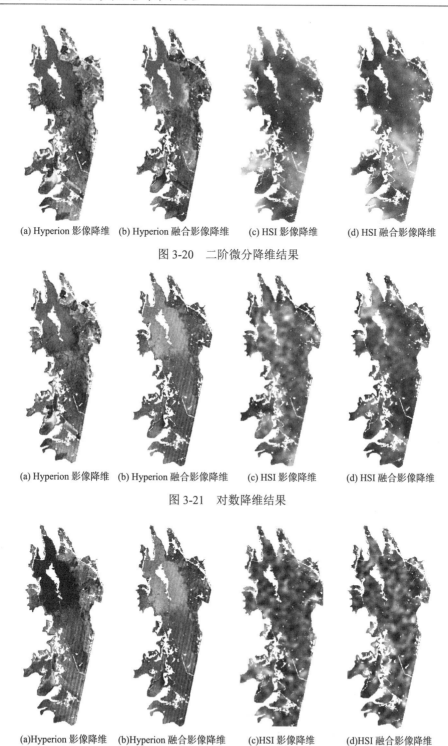

(a) Hyperion 影像降维　　(b) Hyperion 融合影像降维　　(c) HSI 影像降维　　(d) HSI 融合影像降维

图 3-20　二阶微分降维结果

(a) Hyperion 影像降维　　(b) Hyperion 融合影像降维　　(c) HSI 影像降维　　(d) HSI 融合影像降维

图 3-21　对数降维结果

(a)Hyperion 影像降维　　(b)Hyperion 融合影像降维　　(c)HSI 影像降维　　(d)HSI 融合影像降维

图 3-22　对数导数降维结果

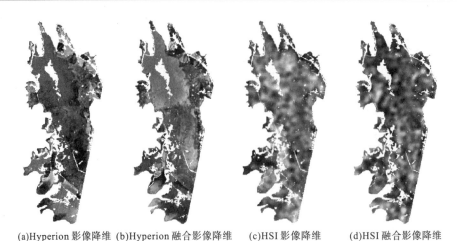

(a)Hyperion 影像降维 (b)Hyperion 融合影像降维   (c)HSI 影像降维   (d)HSI 融合影像降维

图 3-23   连续统去除降维结果

（1）图 3-18 为纳帕海 6 种典型湿地植物基于原始光谱反射率特征波段选择和 PCA 前 4 个主成分特征提取的数据降维结果。

（2）图 3-19 为纳帕海 6 种典型湿地植物基于原始光谱反射率一阶微分特征波段选择和 PCA 前 4 个主成分特征提取数据降维结果。

（3）图 3-20 为纳帕海 6 种典型湿地植物基于原始光谱反射率二阶微分特征波段选择和 PCA 前 4 个主成分特征提取数据降维结果。

（4）图 3-21 为纳帕海 6 种典型湿地植物基于原始光谱反射率对数光谱特征波段选择和 PCA 前 4 个主成分特征提取数据降维结果。

（5）图 3-22 为纳帕海 6 种典型湿地植物基于原始光谱反射率对数导数的光谱特征波段选择和 PCA 前 4 个主成分特征提取数据降维结果。

（6）图 3-23 为纳帕海 6 种典型湿地植物基于原始光谱反射率连续统去除光谱特征波段选择和 PCA 前 4 个主成分特征提取数据降维结果。

第 4 章　典型植物种反射光谱
特征分析

基于外业实测光谱数据(共 74 个样地、1184 个样方、2960 条实测光谱曲线),分别对菰、水蓼、鹅绒委陵菜、华扁穗草、偏花报春和鸭子草,采用原始光谱反射率、原始光谱反射率一阶微分、包络线去除、连续小波变换和窄波段 NDVI 方法分析各高原湿地植物种的反射光谱特征。

(1)光谱导数。光谱导数通过对光谱数据做导数变换,可以去除部分背景、噪声等对光谱的影响,在一定程度上还能凸显不同物质光谱特征的细微差别(黄敬峰等,2010)。本书采用一阶求导运算,计算方法为

$$\text{FDR}_{(\lambda i)}=(R_{(\lambda i+1)}-R_{(\lambda i)})/\Delta\lambda \tag{4-1}$$

式中,$\text{FDR}_{(\lambda i)}$ 为波段 i 和 $i+1$ 的波长值的一阶微分反射比;$R_{(\lambda i)}$ 和 $R_{(\lambda i+1)}$ 分别为波段 i、$i+1$ 处的光谱反射率;$\Delta\lambda$ 为波段 $i\sim i+1$ 的波长值。

(2)"三边"参数。通过对"三边"参数进行分析,较原始光谱可更准确反映植被的光谱特性(万余庆 等,2006)。"三边"指其红边、黄边和蓝边。描述"三边"特征的参数有"三边"位置、"三边"幅值和"三边"面积(表 4-1)。

表 4-1　"三边"参数变量

变量名称	变量定义	变量说明
D_b	蓝边幅值	蓝边(490~530 nm)内最大的一阶微分值
λ_b	蓝边位置	D_b 对应的波长
D_y	黄边幅值	黄边(550~582 nm)内最小的一阶微分值
Λ_y	黄边位置	D_y 对应的波长
D_r	红边幅值	红边(680~780 nm)内最大的一阶微分值
λ_r	红边位置	D_r 对应的波长
R_g	绿峰幅值	510~560 nm 处反射率最大值
λ_g	绿峰位置	R_g 对应的波长
Ro	红谷幅值	640~680 nm 处反射率最小值
λo	红谷位置	Ro 对应的波长
SD_b	蓝边面积	蓝边内一阶微分的总和
SD_y	黄边面积	黄边内一阶微分的总和
SD_r	红边面积	红边内一阶微分的总和

变量名称	变量定义	变量说明
R_g/Ro	—	绿峰与红谷的比值
$(R_g-Ro)/(R_g+Ro)$	—	绿峰与红谷的归一化值
SD_r/SD_b	—	红边面积与蓝边面积的比值
SD_r/SD_y	—	红边面积与黄边面积的比值
$(SD_r-SD_b)/(SD_r+SD_b)$	—	红边面积与蓝边面积的归一化值
$(SD_r-SD_y)/(SD_r+SD_y)$	—	红边面积与黄边面积的归一化值
$(SD_b-SD_y)/(SD_b+SD_y)$	—	蓝边面积与黄边面积的归一化值

(3) 包络线去除。包络线去除也称连续统去除，该方法能有效增强波段的光谱吸收和反射特征（史舟，2014），有利于提取特征波段。常用光谱吸收参数如表 4-2 所示。

表 4-2　常用光谱吸收参数

参数名称	计算公式	变量定义	参数定义
吸收波段波长	λ_{BD}	包络线去除后吸收谷内最小值对应的波长	最大吸收深度对应的波长
最大吸收深度	$Dep_{max}=1-R_{BD}$	R_{BD} 为包络线去除后的最小值	吸收谷内的最大吸收值
斜率	$\tan\theta=\dfrac{R_e-R_s}{\lambda_e-\lambda_s}$	R_e、R_s 分别为吸收终点、吸收起点的反射率值，λ_e、λ_s 为相应波长	吸收起点到吸收终点的变化速率
吸收变化速率	$V=\left\|\dfrac{R_{BD}-R_s}{\lambda_{BD}-\lambda_s}\right\|$	R_{BD} 为最大吸收深度，λ_{BD} 为吸收波段波长	吸收起点到最大吸收深度的变化速率
吸收峰总面积	$TA=\int_{\lambda_s}^{\lambda_e}BD\lambda_i$	λ_e、λ_s 分别为吸收终点、吸收起点相应波长	吸收起点到吸收终点的吸收峰积分面积
吸收峰左面积	$LA=\int_{\lambda_{BD}}^{\lambda_s}BD\lambda_i$	λ_s 为吸收起点对应波长，λ_{BD} 为吸收波段波长	吸收波段波长左边的吸收峰积分面积
对称度	$S=LA/TA$	LA 为吸收峰左面积，TA 为吸收峰总面积	吸收峰左面积与吸收峰总面积的比值

(4) 连续小波变换。小波变换常用于信号处理与分析，将复杂信号分解为不同尺度的小波信息，包括离散小波变换（discrete wavelet transformation，DWT）和连续小波变换（continuous wavelet transformation，CWT）（商贵艳，2015）。经过 DWT 后的信号能够减少冗余信息，但容易消除有用信息；而经过 CWT 后的小波系数能够提取光谱局部吸收特征的信息，相比 DWT 更能准确提取植被光谱反射率曲线（廖钦洪 等，2012）。连续小波变换是一种线性变换，通过小波基函数将光谱曲线在不同尺度下变换，得到小波系数（方圣辉 等，2015），表达式为

$$f(a,b)=\int_{-\infty}^{+\infty}f(t)\varphi_{a,b}(t)\mathrm{d}t \tag{4-2}$$

$$\varphi_{a,b}(t) = \frac{1}{\sqrt{a}} \varphi\left(\frac{t-b}{a}\right) \tag{4-3}$$

式中，$f(t)$ 为光谱信号；t 为波段；$\varphi_{a,b}(t)$ 为小波基函数；a 为尺度因子；b 为平移因子。

利用 CWT 对光谱曲线进行解析时，选择小波基函数和变换尺度较为重要。选择合适的小波基函数可使其具有凸显光谱曲线局部吸收和反射特征的能力，有利于光谱和植物理化参数的分析（吕瑞兰，2003），常见有 Haar 小波、Daubeehies 小波系、Biorthogonal 小波系、Meyer 小波、Morlet 小波、Mexico 小波等。

（5）植物指数。通过可见光、近红外波段和红外波段进行不同组合以增强植物信息，相较单波段对估测和反映植被理化参数有更佳的灵敏性（田庆久和闵祥军，1998）。根据测定的理化参数及高光谱遥感影像覆盖波段范围及波长，选取 13 种指数进行计算，如表 4-3 所示。

表 4-3　植物指数选取

植物指数	计算公式
DVI（差值植物指数）	$R_{NIR} - R_{Red}$
D_mSR（修正型叶绿素吸收反射率指数）	$(DR_{720} - DR_{500}) / (DR_{720} + DR_{500})$，$DR$ 为原始光谱反射率的一阶微分
MCARI（修正型土壤调节植物指数）	$\dfrac{(R_{701} - R_{671}) - 0.2(R_{701} - R_{549})}{R_{701} / R_{671}}$
MSI（水分胁迫指数）	R_{1599} / R_{819}
MTVI（多时相植物指数）	$1.2[1.2(R_{800} - R_{550}) - 2.5(R_{670} - R_{550})]$
NDVI（归一化植物指数）	$\dfrac{R_{NIR} - R_{Red}}{R_{NIR} + R_{Red}}$
NDVI705（红边归一化植物指数）	$\dfrac{R_{750} - R_{705}}{R_{750} + R_{705}}$
RVI（比值植物指数）	R_{NIR} / R_{Red}
SAVI（土壤调节植物指数）	$\dfrac{(R_{NIR} - R_{Red})(1 + L)}{(R_{NIR} + R_{Red}) + L}$
TVI（三角植物指数）	$0.5[120(R_{NIR} - R_{Green})] - 200(R_{Red} - R_{Green})$
Vog_1（红边指数 1）	$\dfrac{R_{740}}{R_{720}}$
Vog_2（红边指数 2）	$\dfrac{R_{734} - R_{747}}{R_{715} + R_{726}}$
Vog_3（红边指数 3）	$\dfrac{R_{734} - R_{747}}{R_{715} + R_{720}}$

NDVI 作为植物常用的指示因子运用较多。当两个波段不限制在近红外和红光波段时,可用任意波段组合构建(王弘 等,2016),公式变换为

$$\text{NDVI}_{\text{Narrow Band}} = \frac{R_j - R_i}{R'_j - R'_i} \tag{4-4}$$

式中,$\text{NDVI}_{\text{Narrow Band}}$ 为窄波段归一化差值植物指数(NBNDVI);j 和 i 分别为各自对应的波段;R_j、R'_j 和 R_i、R'_i 分别为两个波段波长 j 和波长 i 对应的反射率,$j>i$。

NDVI 原始公式将波段定义在红光和近红外波段,这种形式并不一定适用于任何环境下生长的植物。植物的某些生理变化可能在红光和近红外范围外的波段才能得以反映(王福民 等,2007),因此构建任意波段组合的 NDVI 较原始形式更能反映植物理化参数敏感波段。

4.1 原始光谱反射率分析

以菰为例,图 4-1 为菰的原始光谱反射率曲线。从图中可以看出,原始光谱反射率曲线在局部有毛刺和噪声,噪声主要集中于波长为 1350～1400 nm、1750～1950 nm 和 2350～2500 nm 三处,这是由于水汽吸收和系统误差所致。在对光谱数据进行分析处理之前,需要去除这些波段的异常数据,综合分析所有植物样本的光谱,去除 1351～1399 nm、1751～1949 nm 和 2351～2500 nm,剩余 1753 个波段用于后续分析。

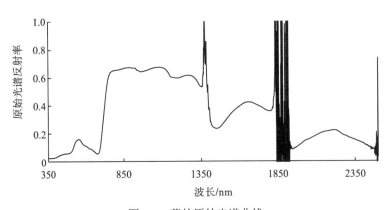

图 4-1 菰的原始光谱曲线

将整个原始光谱反射率曲线分为 4 部分:可见光波段 350～760 nm、近红外波段 760～1350 nm、短波红外 1 波段 1400～1750 nm 和短波红外 2 波段 1950～2350 nm。

350～490 nm:400～450 nm 波段为叶绿素的强吸收带,380 nm 附近有大气的弱吸收带,因此 350～490 nm 波段的平均反射率较低。

490～600 mn：550 nm 附近由于受绿色植物叶片叶绿素的影响，对绿光有较强的反射作用，因此在 550 nm 附近形成一个反射峰，称为绿峰。

600～700 nm：该波段范围是叶绿素的强吸收带，610 nm、660 nm 波段是藻胆素中藻蓝蛋白的主要吸收带，因此植被在 600～700 nm 处的原始光谱反射率曲线具有波谷的形态，称为红谷。

700～750 nm：植被的原始光谱反射率曲线在此区间急剧上升，具有陡而近于直线的形态，这段边带称作红边，其位置和大小受叶绿素含量的影响。红边能反映植物生长状况，植物长势较好时，红边向近红外波段移动，即红移，当植物受到胁迫或衰老时，红边向蓝光方向移动，即蓝移。

750～1350 nm：植物在此波段具有强烈反射特性，植物叶片细胞的细胞壁厚度存在差异且细胞间存在微小空隙，从而使入射光形成多重反射，因此在近红外波段范围达到反射率的最大峰值。760 nm、850 nm、910 nm、960 nm 和 1120 nm 等波长附近有水或氧气的窄吸收带，因此 750～1350 nm 处的原始光谱反射率曲线形态具有波状起伏的特点，该曲线形态称为近红外平台。

1400～1500 nm、1750～2050 nm 和 2350～2500 nm：是植物所含水分和二氧化碳的强吸收带，故植被在此谱段的原始光谱反射率曲线具有波谷形态。

1500～1750 nm、2050～2350 nm：与植物所含水分的波谱特性有关，植被在此波段的原始光谱反射率曲线具有波峰形态。

图 4-2 为 6 种高原湿地植物的平均光谱反射率，曲线形态与绿色植被的典型光谱反射率曲线相吻合。从图中可以看出，在 350～490 nm 区间，由于鸭子草属沉水植物，水分含量较高，水对蓝光波段有较强的反射，因此鸭子草在该波段范围内的平均光谱反射率高于其他植物；绿峰附近菰的平均光谱反射率最高，其次为鸭子草、水蓼、鹅绒委陵菜、偏花报春和华扁穗草；红谷附近偏花报春的平均光谱反射率最高，其次为鸭子草、水蓼、菰、鹅绒委陵菜和华扁穗草；红边范围内 6 种植物的平均光谱反射率均急剧升高，曲线形态近似陡坡；在近红外波段范

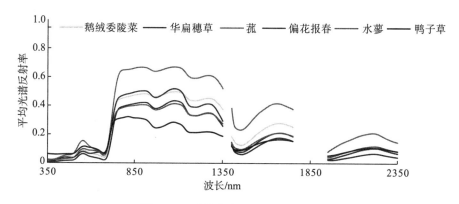

图 4-2　6 种植物的平均光谱反射率

围内，各种植物的平均光谱反射率均达到最高，从曲线形态上看，6 种植物近红外波段的波峰和波谷位置基本相同，从平均光谱反射率看，菰的平均光谱反射率最高，其次为偏花报春、鹅绒委陵菜、华扁穗草、水蓼和鸭子草；短波红外范围内，鸭子草的平均光谱反射率曲线变化较为平缓，其他植物波峰和波谷较为明显。在 350～490 nm 区间，鸭子草与其他植物差异较显著，在 490～700 nm 区间可明显区分各类植物。

4.2　原始光谱反射率一阶微分分析

原始光谱反射率一阶微分能反映光谱的极值点、反射率增速和减速程度，并能提取体现植物光谱特征的"三边"参数。图 4-3 为 6 种植物种的反射率一阶微分。从图中可以看出，短波红外各植物的曲线特征基本相同；可见光/近红外波段凸显各类植物的特征区别。

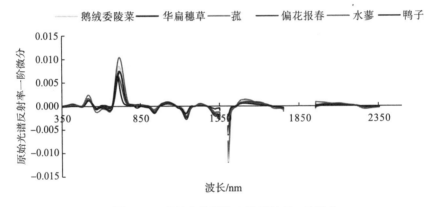

图 4-3　6 种植物的原始光谱反射率一阶微分

表 4-4 统计了各类植物的"三边"参数，结合图 4-3 和表 4-4 分析，在波长为 520 nm 附近达到正极值，反射率增速快，各类植物之间的 λ_b 差异小，从 D_b 看，菰对绿光有较强的反射能力，其余 5 种植物差异较小。在波长为 570 nm 附近达到负极值，反射率减速快，在波长为 570 nm 左右达到负极值，该范围处于黄光区域，是绿光至红光的过渡区，反映了叶绿素对绿光反射能力的减弱，从 D_y 和 λ_y 来看，各类植物差异不大。在波长为 710 nm 左右达到最大正极值，反映了红边的陡峭程度，从 λ_r 和 D_r 看，水蓼和鸭子草与其他 4 种植物差异较大，菰 D_r 最大，说明在红边范围菰的反射率增速最快，其次为鹅绒委陵菜、偏花报春、华扁穗草、水蓼和鸭子草。在波长为 1140 nm 左右达到可见光/近红外波段的最小负极值，鹅绒委陵菜、鸭子草和菰的曲线形态较为接近，偏花报春、华扁穗草和水蓼则容易区分；

从积分面积和积分面积构造的变量上看，SD_r 较其他变量可更好区分植物种类，两两之间最大相差 0.34，最小相差 0.015。

表 4-4　"三边"参数统计

"三边"参数	鹅绒委陵菜	华扁穗草	菰	偏花报春	水蓼	鸭子草
D_b	0.0015	0.0012	0.0024	0.0012	0.0017	0.0013
λ_b	524	523	522	522	521	523
D_y	−0.0007	−0.0006	−0.0013	−0.0005	−0.0005	−0.0004
λ_y	571	572	575	570	572	575
D_r	0.0085	0.0073	0.0104	0.0074	0.0066	0.0065
λ_r	715	720	718	717	708	704
R_g	0.090	0.064	0.155	0.080	0.099	0.117
λ_g	552	552	551	552	556	560
Ro	0.040	0.021	0.053	0.071	0.055	0.066
Λo	674	674	671	670	675	675
SD_b	0.037	0.032	0.071	0.029	0.046	0.034
SD_y	0.017	0.014	0.029	0.012	0.010	0.009
SD_r	0.410	0.369	0.587	0.395	0.327	0.247
R_g/Ro	2.21	3.00	2.91	1.13	1.78	1.77
$(R_g-Ro)/(R_g+Ro)$	0.38	0.50	0.49	0.06	0.28	0.28
SD_r/SD_b	11.13	11.42	8.29	13.50	7.09	7.35
SD_r/SD_y	24.42	25.70	19.94	33.77	34.17	28.39
$(SD_r-SD_b)/(SD_r+SD_b)$	0.84	0.84	0.78	0.86	0.75	0.76
$(SD_r-SD_y)/(SD_r+SD_y)$	0.92	0.93	0.90	0.94	0.94	0.93
$(SD_b-SD_y)/(SD_b+SD_y)$	0.37	0.38	0.41	0.43	0.66	0.59

4.3　包络线去除分析

包络线去除分析可基于同一基线比较光谱的吸收特征，有利于区分植物种类和进行理化参数分析。包络线通常定义为逐点直线连接光谱曲线上的凸出峰值点，并使折线在峰值点上的外角大于 180°。包络线去除法将反射率归一化为 0~1，光谱的吸收特征亦归一化到一致的光谱背景上，有利于与其他原始光谱反射率曲线进行特征值比较，从而提取特征波段以供分类识别（丁丽霞 等，2010）。图 4-4 为菰的原始光谱反射率曲线、包络线及包络线去除光谱曲线，从图中可看出吸收的特征波段被明显放大。

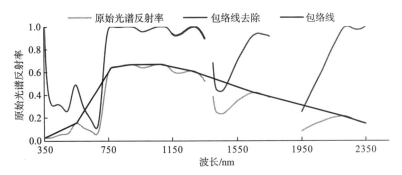

图 4-4 菰的原始光谱反射率曲线、包络线及包络线去除光谱曲线

各植物种在 350～1350 nm 波段的包络线去除光谱曲线如图 4-5 所示。从图中可以看出，通过包络线去除后各类植物在不同波段的吸收特征差异显著，在 550～760 nm 处波段吸收强度最大，其次为 350～550 nm，在 900～1350 nm 处吸收最弱。鸭子草在可见光波段吸收最弱；在近红外波段吸收最强，偏花报春和华扁穗草在900～1050 nm 处不易区分，鹅绒委陵菜和菰在 900～1050 nm 和 1110～1250 nm 处亦不易区分。整体上看，可见光波段较易区分各种植物。

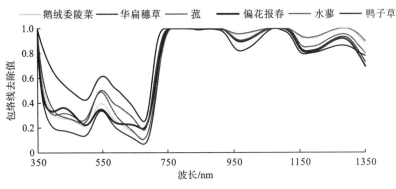

图 4-5 包络线去除光谱曲线

表 4-5 统计了连续统去除变换后 550～760 nm 波段的吸收特征参数，从表中分析可知，6 种湿地植物的吸收波段波长(λ_{BD})和吸收起点(λ_s)差异较小，表明 6 种植物在此吸收谷对光的反射和吸收的波段大致相同。从最大吸收深度(Dep_{max})上看，均为 0.75～0.95，鹅绒委陵菜和菰相同，华扁穗草 Dep_{max} 最大，华扁穗草 Dep_{max} 最小。从斜率上看，6 种植物的斜率均为 0.0020～0.0035，鹅绒委陵菜、华扁穗草和偏花报春差异较小，菰和水蓼的差异也较小，表明两组植物在吸收谷对红光的吸收程度大致相同。从吸收变化速率(V)看，菰的吸收变化速率最大，表明菰对红光的吸收程度最剧烈，其次为鸭子草、水蓼、鹅绒委陵菜、华扁穗草和偏花报春。从吸收峰左面积(LA)和吸收总面积(TA)看，各植物间均存在差异，最大为鸭子草，其次为水蓼、菰、偏花报春、鹅绒委陵菜和华扁穗草。从对称度看，

6 种植物的对称度均为 0.3～0.6，最大为鸭子草，鹅绒委陵菜、菰和偏花报春的对称度差异较小。

表 4-5 吸收特征参数统计

吸收特征参数	鹅绒委陵菜	华扁穗草	菰	偏花报春	水蓼	鸭子草
λ_{BD}	675	674	672	672	676	676
R_{BD}	0.11	0.07	0.11	0.20	0.18	0.25
Dep_{max}	0.89	0.93	0.89	0.80	0.82	0.75
λ_s	547	547	545	545	548	552
R_s	0.40	0.34	0.49	0.35	0.50	0.62
λ_e	757	762	766	759	757	744
R_e	1	1	1	1	1	1
$\tan\theta$	0.0029	0.0031	0.0023	0.0030	0.0024	0.0020
V	0.0022	0.0021	0.0030	0.0012	0.0025	0.0029
LA	29.93	23.24	34.38	31.74	44.73	58.62
TA	77.04	70.68	87.79	83.86	97.48	105.29
S	0.39	0.33	0.39	0.38	0.46	0.56

4.4 连续小波变换分析

对于植物反射光谱来说，连续小波变换的低尺度变换能反映光谱信号中的细小吸收特征，高尺度变换能反映整体吸收特征。不同尺度的连续小波变换结果将有助于提取各植物种的细节信息和全局信息。选取 MexicanHat 小波基函数（图 4-6）（孙延奎，2005），在 8 个尺度（2^1、2^2、2^3、2^4、2^5、2^6、2^7、2^8）下对光谱曲线进行分析。

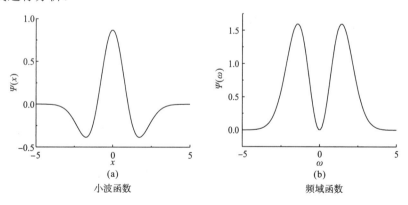

图 4-6 MexicanHat 小波函数及频域函数图形

图 4-7 显示了各植物种原始光谱曲线通过连续小波变换，在不同尺度下变换的光谱特征。从图中可以看出，连续小波分解每个尺度对应的小波系数数量与原始光谱波段数相同。

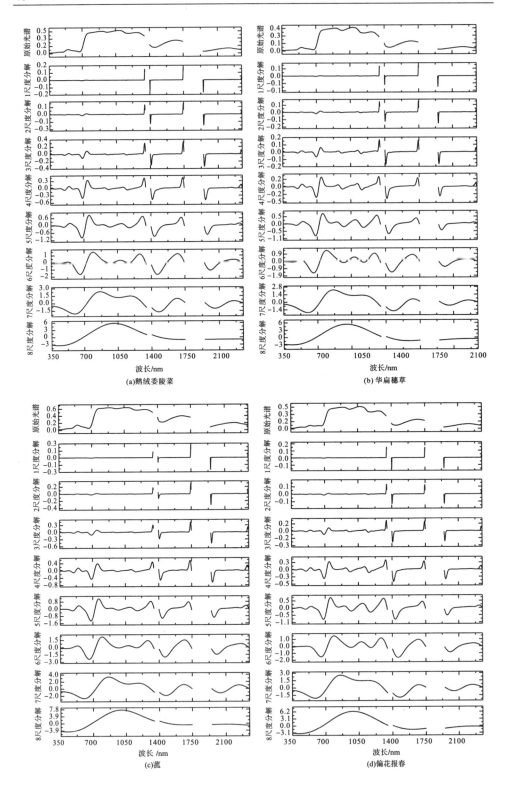

(a)鹅绒委陵菜　　　(b) 华扁穗草

(c)苽　　　(d)偏花报春

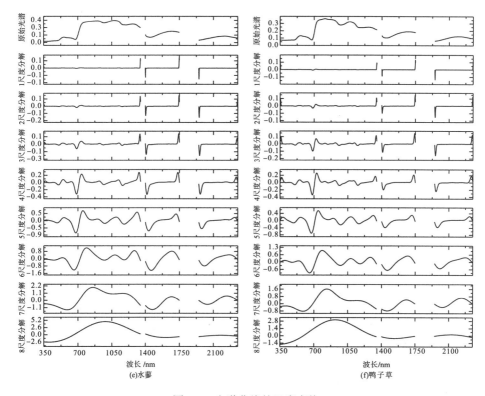

图 4-7 光谱曲线的尺度变换

第 1 尺度几乎不能表现出明显的植物光谱特征；第 2 尺度和第 3 尺度表现出红谷的吸收特征；第 4 尺度、第 5 尺度和第 6 尺度表现出绿峰的反射特征、红谷的吸收特征、近红外波段水汽影响的吸收谷和叶片结构产生的多重反射特征以及短波红外的水汽吸收特征；第 7 尺度和第 8 尺度下光谱信号逐渐失真，仅能表现出植物光谱的整体特征，细节特征已经丢失。

根据图 4-7 对各植物种不同尺度对应的小波变换曲线进行对比。第 7 尺度和第 8 尺度的曲线形态几乎相同；原始光谱在近红外波段表现为 3 个波峰和 2 个波谷；在第 6 尺度中，鹅绒委陵菜和菰的第 2 个波峰较为平缓，华扁穗草、偏花报春、水蓼和鸭子草较为明显；在第 5 尺度中，华扁穗草、偏花报春、水蓼和鸭子草在近红外波段出现 4 个波峰中和 3 个波谷，对应的原始光谱中第 1 个波谷未表现出来，说明 780～890 nm 波段水汽和氧的窄吸收带通过小波变换后体现出来；在第 4 尺度中对应的蓝绿光波段，原始光谱对应的绿峰附近被分解为 1 个波峰和 1 个波谷，说明在绿峰和红谷之间还存在一个色素吸收区域，而在原始光谱中同样未表现出来；第 3 尺度微弱地表现出各植物种明显的吸收和反射区域；从第 4 尺度和第 5 尺度表现出的细节来看，说明了小波变换分析光谱信号的优势。综合比较 8 个尺度下的光谱特征，中等尺度的连续小波变换既能表现植物光谱整体特征，同时又不丢失细节特征，第 4 尺度或第 5 尺度下的连续小波变换较适合分析各植物种的原始光谱信号。

图 4-8 为各植物种在不同尺度分解对应的小波系数 3D 图，从不同角度表现小波系数的分布情况。从 Z 轴对应的小波系数来看，正值系数最大为菰，其次为偏

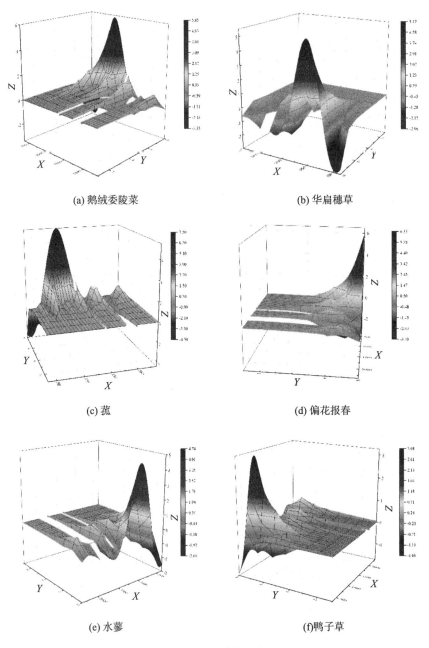

(a) 鹅绒委陵菜　　　　　　　　　　　　(b) 华扁穗草

(c) 菰　　　　　　　　　　　　(d) 偏花报春

(e) 水蓼　　　　　　　　　　　　(f)鸭子草

图 4-8　小波系数三维图

花报春、鹅绒委陵菜、华扁穗草、水蓼和鸭子草，而负值系数大小次序与正值大小次序相反；从 Y 轴对应的尺度来看，分解尺度越高，则小波系数越大，分解尺度越低，小波系数越接近 0；从 X 轴对应的波长来看，小波系数值较大的区域集中于近红外波段，负值集中于可见光和短波红外波段的水汽吸收部分。整体来看，较大和较小的小波系数代表了光谱低频特征，说明可见光和近红外波段对低频特征的响应明显。

4.5　波段间自相关分析

在高光谱数据中，相邻波段高度相关造成数据冗余。这些数据冗余可通过波段间的相关性矩阵表示。通过分析波段间的自相关性可去除或减少冗余信息，达到压缩的目的。将 1753 个波段两两组合计算得到相关系数(R)，再将 R 平方后得到相关系数的平方(R^2)，组成 1753×1753 的 R^2 矩阵，如图 4-9 所示。

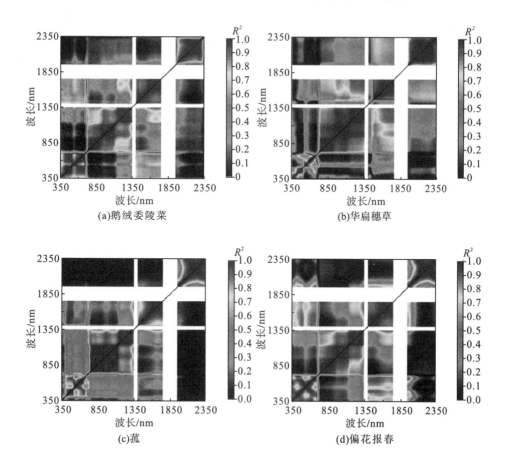

(a)鹅绒委陵菜　　　　　　　　(b)华扁穗草

(c)菰　　　　　　　　　　　　(d)偏花报春

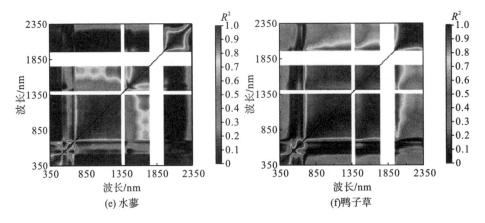

(e) 水蓼　　　　　　　　　　　　(f) 鸭子草

图 4-9　光谱波段之间的相关性

从图 4-9 可以看出，总体上，除鸭子草，其他 5 个植物种波段之间存在高度相关的部分主要分为 4 段：350～710 nm、740～1350 nm、1400～1750 nm 和 1950～2350 nm，而鸭子草分为 3 段：350～695 nm、715～1750 nm 和 1950～2350 nm。在可见光和近红外波段、短波红外 2 波段和短波红外 1 波段、短波红外 2 波段和可见光/近红外 3 个区间的 R^2 较小，说明这些波段包含了该植物种的大量光谱信息。从细节看，各植物种在各区间内表现仍有差异，区间内某些波段组合相关性较低，说明这些波段可作为特征波段反演理化参数。

4.6　窄波段 NDVI 分析

窄波段 NDVI 突破了原始 NDVI 计算波段的限制，使得 NDVI 的组合更多，同时亦能从中提取与理化参数更密切相关的波段组合。图 4-10 为各植物种窄波段 NDVI 组合。因相邻波段间提供的信息较为相似，造成了信息冗余，故将波段重采样为 5 nm，使用重采样后的光谱数据进行 NDVI 组合，一方面可减少信息重复，

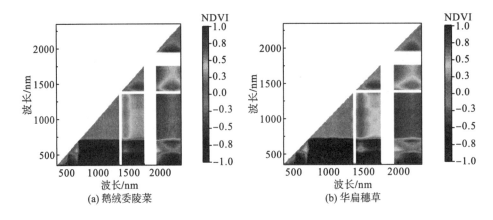

(a) 鹅绒委陵菜　　　　　　　　　　(b) 华扁穗草

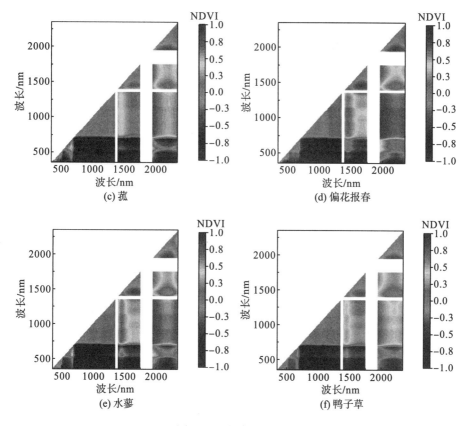

图 4-10　窄波段 NDVI

另一方面可减少运算量。利用 MATLAB 编程计算 NDVI，重采样后的波段数为 353 个，组合的 NDVI 共有 62128 组。各植物种的窄波段 NDVI 组合存在明显区分度，根据颜色不同划分为若干个子区间，如图 4-11 所示，可分为 10 个区间，分别用字母 A~J 表示。

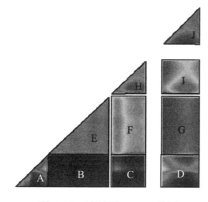

图 4-11　窄波段 NDVI 分区

从图 4-11 中可以看出，F 区间、G 区间和 I 区间的 NDVI 较高，A 区间、B 区间、C 区间、D 区间、H 区间和 J 区间的 NDVI 以负值居多，E 区间的 DNVI 为 0~0.3。对 NDVI 进行比较，可见光和近红外、短波红外组合的 NDVI 负值较多，在 A 区间和 D 区间有少部分达 0.2~0.5；G 区间为近红外和短波红外两个波段组合，组合的 NDVI 均在 0.5 以上。从各区间颜色看，菰和鸭子草的 G 区间颜色较浅，华扁穗草最深；A 区间、E 区间、H 区间和 J 区间均为按波长分段的区间，4 个区间各波段组合的 NDVI 负值亦较多。窄波段 NDVI 虽有负值和接近 0 的值，但不具常用 NDVI 代表的生物学意义，因此不能通过值的大小判断特征，需要通过与理化参数的相关性分析来提取最佳波段组合的 NDVI。

第5章 典型植物种的高光谱遥感分类

基于群落调查数据，本书从传统的监督分类方法中选择基于数理统计特征的最大似然分类法、支持向量机分类法和基于光谱特征的波谱角填图分类法作为典型高原湿地植被识别的遥感分类方法。

5.1 最大似然分类法

最大似然分类法理论体系成熟，是目前应用最广泛的一种监督分类方法。最大似然分类法是一种基于统计的分类方法。其原理是：通过假设所有数据均符合正态分布，基于先验数据对不同类别概率进行求算，将数据划分至不同的概率区间，最后提供统计概率信息将剩余未划分数据依据相应准则进行区分的过程。

最大似然分类法属于基于统计变换的监督分类方法，在采用最大似然分类法时需要基于已知数据在待分类影像上选取训练样本，使算法在分类之前对每种地物进行信息统计得出其判别函数。结合高光谱遥感影像，对通过特征选择和特征提取之后的高光谱遥感影像进行分类。

首先根据群落调查数据进行目视解译，结合实测数据在待分类的影像上选取训练样本。每种植物的训练样本数量不少于 20 个。本书共选取了训练样本 206 个。其中，翅茎苔草群落38 个、鹅绒委陵菜37 个、鸭子草34 个、水蓼34 个、水葱 31 个、发草32 个。

训练样本的选择直接影响分类精度，因此需要对训练样本是否合理进行评价。通过对训练样本进行可分离性计算，以保证其准确性。采用 ENVI 软件的可分离性计算模块任意训练样本之间的统计距离，确定类别间的差异性程度。在待分类影像上对选取的训练样本进行可分离性验证，具体评价依据为：不同类别训练样本间可分离性大于 1.800 为合格，可分离性越大，说明训练样本越优。验证结果如表 5-1 所示。

表 5-1 训练样本的可分离性

植被类型	翅茎苔草	鹅绒委陵菜	鸭子草	水蓼	水葱	发草
翅茎苔草	—					
鹅绒委陵菜	1.940	—				
鸭子草	2.000	1.963	—			
水蓼	1.999	1.810	1.889	—		
水葱	1.999	1.994	2.000	1.999	—	
发草	1.998	1.936	1.999	1.992	1.989	—

由表 5-1 可以看出，6 种湿地植物的训练样本两两之间的可分离性均在
1.800 以上，翅茎苔草与鸭子草群落之间的分离度为 2.000，表明两种群落之
间的可分离性好；翅茎苔草与鹅绒委陵菜、水葱、发草之间的可分离性亦达
到 1.900 以上。鹅绒委陵菜与水蓼之间的可分离性为 1.810，低于其他群落，
结合外业群落调查及二类群落生长的环境看，水蓼多生长于水陆交界处，喜
傍水生长，大部分生长在水中，部分生长于陆面；鹅绒委陵菜一般生长于陆
地，靠水生长，因此二者可分离性相对较低。鸭子草与水蓼的可分离性为 1.889，
鸭子草为浮水植物，水蓼为挺水植物，在浅水区二者出现混淆现象。综上，
各种湿地植被之间的可分离性与实际情况、植被生境均较吻合，说明所选取
的训练样本合理，不同湿地植被群落之间有较高的可分离性，易于识别。根据
所选取的训练样本，分别对降维后的遥感影像进行分类识别，结果如图 5-1～
图 5-4 所示。

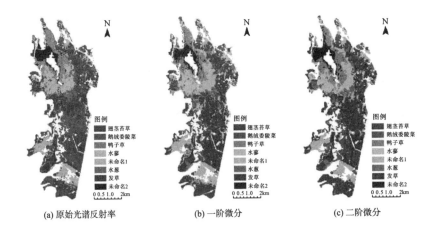

(a) 原始光谱反射率   (b) 一阶微分   (c) 二阶微分

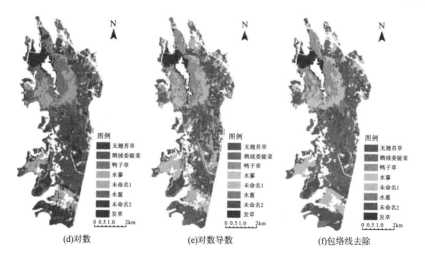

(d)对数　　　　　　　　(e)对数导数　　　　　　　(f)包络线去除

图 5-1　Hyperion 影像最大似然分类法结果

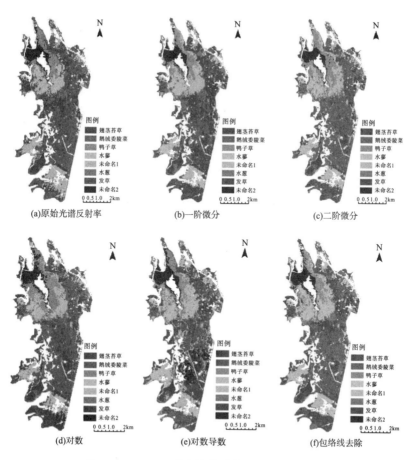

(a)原始光谱反射率　　　　(b)一阶微分　　　　　　　(c)二阶微分

(d)对数　　　　　　　　(e)对数导数　　　　　　　(f)包络线去除

图 5-2　Hyperion 融合影像最大似然分类法结果

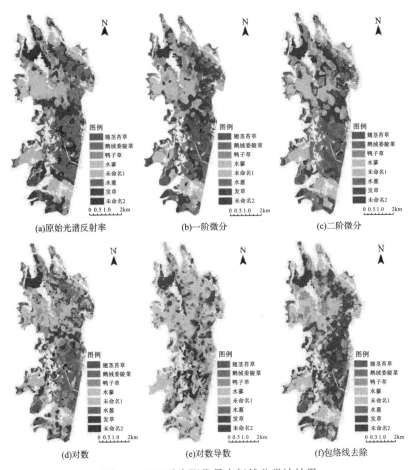

(a)原始光谱反射率   (b)一阶微分   (c)二阶微分

(d)对数   (e)对数导数   (f)包络线去除

图 5-3   HSI 融合影像最大似然分类法结果

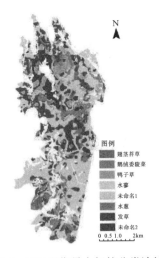

图 5-4   HSI 影像最大似然分类法结果

从图 5-4 中可以看出，HSI 影像由于其分辨率过低(100 m)，后面的分类研究中不再使用该数据。

5.2　支持向量机分类法

支持向量机(support vector machine，SVM)分类法由 Corinna 和 Vapnik 于 1995 年提出，是基于数理统计学的智能学习分类方法。可在样本数量有限的情况下，高效寻找具有较大区别能力的数据，与传统遥感分类方法相比优势明显。其主要原理为：将各个像元值进行统计分析，利用核心函数寻找对目标地物具有较大识别能力的支持向量，依据此支持向量进行分类，使得类与类之间可区分间隙达到最大化(最优分类超平面)，从而得到较高的分类精度(图 5-5)。

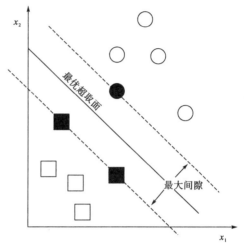

图 5-5　支持向量机超平面示意图

核心函数的选取是保证支持向量机分类精度的关键。基于相关研究，选取高斯径向基函数为核函数，根据 5.1 节选取的训练样本，采用支持向量机分类法分别对特征选择和特征提取降维后的高光谱遥感影像进行分类识别，结果如图 5-6～图 5-8 所示。

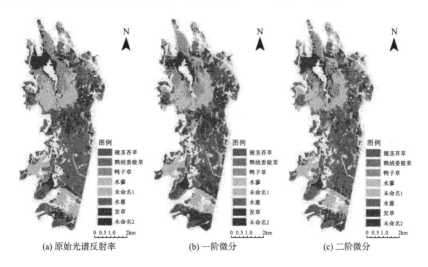

(a) 原始光谱反射率　　　　(b) 一阶微分　　　　(c) 二阶微分

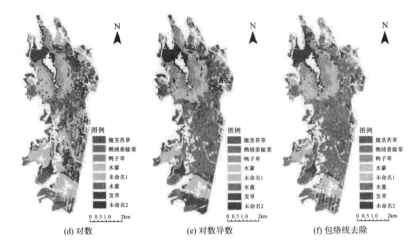

(d) 对数　　　　　　　　(e) 对数导数　　　　　　　　(f) 包络线去除

图 5-6　Hyperion 影像 SVM 分类结果

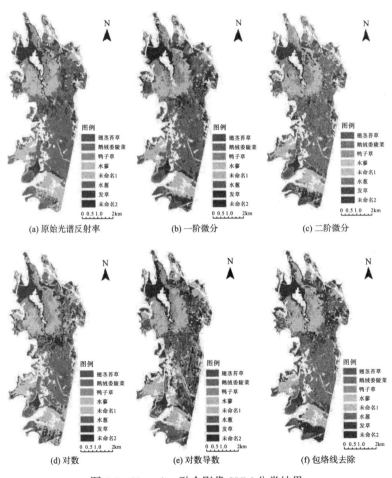

(a) 原始光谱反射率　　　　　　(b) 一阶微分　　　　　　　(c) 二阶微分

(d) 对数　　　　　　　　(e) 对数导数　　　　　　　　(f) 包络线去除

图 5-7　Hyperion 融合影像 SVM 分类结果

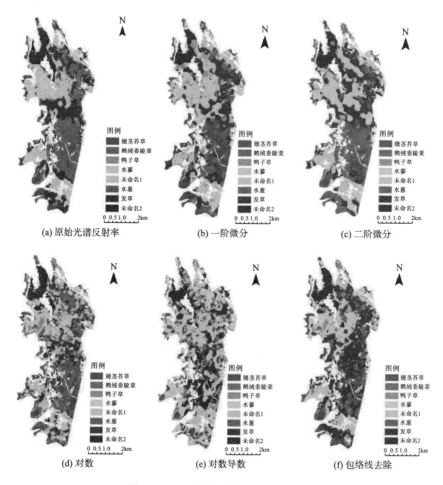

图 5-8　HSI 融合影像 SVM 分类结果

5.3　波谱角填图分类法

波谱角填图（spectral angle mapper，SAM）分类法是一种基于光谱信息的监督分类方法，将影像光谱与参考端元光谱在 n 维空间中进行匹配计算。波谱角填图分类假设数据简化为表观反射率，且仅使用光谱方向，不使用光谱长度，因此波谱角填图分类对亮度不敏感。

采用遥感影像某个像元的原始光谱反射率与参考光谱反射率之间的夹角表示二者的匹配程度，角度越小表示越相似，利用指定的角度范围来确定未知的像元类别，以此实现遥感影像半自动分类。二维 SAM 分类原理如图 5-9 所示。SAM 分类的主要步骤包括三步。①获取参考光谱。参考光谱的获取可以通过野外或实验室测定，亦可直接从影像上提取像元光谱，或从已知波谱库中选出感兴趣的光谱。②参考光谱重采样。在待分类遥感影像上对参考光谱进行重采样，使其空间分辨率保持一致。③分类和信息提取。确定参考光谱和分类角度后，执行分类算法。

(1)最小噪声分离变换。最小噪声分离变换是一种含有二层叠置的主成分线性变换，可将一幅影像的主要信息集中在前几个波段，用于判别数据维数，分离噪声，减少运算量。本书通过对多维高光谱影像进行最小噪声分离变换做数据降维，对高光谱影像进行空间转换得到各波段特征曲线(图5-10)。从图5-10中可以看出，前27个波段包含了大部分信息量，且特征值均大于3，因此选取最小噪声分离变换后的前27个波段作为特征波段。

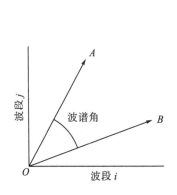

图5-9 二维SAM分类原理

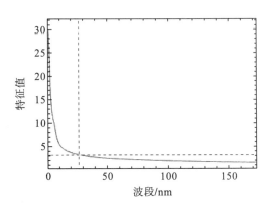

图5-10 最小噪声分离变换后的各波段特征曲线

(2)基于外业数据提取湿地植被光谱。利用常规的像元提取方法(如基于纯净像元指数的像元提取)提取的参考光谱的类别往往无法确定。因此，本书采用外业群落调查数据生成感兴趣区，在最小噪声分离变换后的高光谱影像上提取植被光谱作为参考波谱，有效解决了常规端元提取中端元无法辨别和分类结果类别不明的问题。基于最小噪声分离变换后27个波段的遥感影像，利用 n 维散点图在影像上选出翅茎苔草、鹅绒委陵菜、鸭子草、水蓼、水葱、发草群落6种湿地植物群落的原始光谱反射率曲线，每种群落选取湿地植物群落纯度较高、分布面积广泛的样点10个，对其原始光谱反射率求平均值，并作为该群落类别的光谱反射率。

(3)基于植物群落光谱的SAM分类。基于感兴趣区提取出6种湿地植物群落的光谱，作为波谱角填图分类的参考端元，对最小噪声分离变换后的27个波段进行湿地植物类别信息提取，分类结果如图5-11所示。

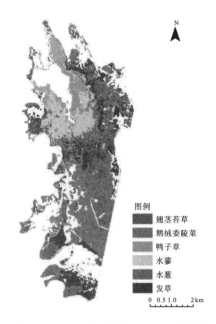

图例
- 翅茎苔草
- 鹅绒委陵菜
- 鸭子草
- 水蓼
- 水葱
- 发草

0 0.5 1.0　　2 km

图 5-11　Hyperion 影像 SAM 分类结果

5.4　精度评价与结果优选

5.4.1　精度评价方法

通过精度评价确定遥感图像分类结果的可靠性。精度评价是指通过对比分类结果的像元与地表真实像元得到分类精度的过程。混淆矩阵法是目前遥感图像分类较为常用的精度评价方法。混淆矩阵法又称为误差矩阵法，是用矩阵形式将分类像元和检验像元信息进行陈列。在矩阵中，每一行的数值代表精度验证样本中某种地物类型的数量，在矩阵中位于对角线上的数值即为每种地物类型被正确识别的像元数量。混淆矩阵的评价因子主要包括用户精度、制图精度、总体分类精度和 kappa 系数。

(1)用户精度。用户精度是指影像分类结果的像元类别与其对应的地表真实影像上的点相同的概率，其计算方法为

$$R_{U} = \frac{P_{R}}{P_{C}} \tag{5-1}$$

式中，R_{U} 为用户精度；P_{R} 为正确分类像元数；P_{C} 为该类别在分类中的总像元数。

(2)制图精度。制图精度是反映分类器对不同类别像元区分准确性的指标，其计算方法为

$$R_P = \frac{P_R}{P_T} \quad\quad (5\text{-}2)$$

式中，R_P 为制图精度；P_R 为正确分类像元数；P_T 为该类地表真实验证样本的像元数。

(3)总体分类精度。总体分类精度是指正确分类像元数的总和与参与分类的总像元数的百分比，正确分类的像元类别分布于误差矩阵的对角线上，总体分类精度代表像元被正确分类在真实识别类别中的数量，其计算方法为

$$R_A = \frac{\sum\limits_{k=1}^{n} P_k}{P} \quad\quad (5\text{-}3)$$

式中，R_A 为总体分类精度；n 为地物类型数量；P 为像元总数；P_k 为得到正确分类的像元数。

(4)Kappa 系数。Kappa 系数是一个评定 2 幅影像间匹配程度的重要指标，其计算方法为

$$K = \frac{N \sum\limits_{k}^{x} - \sum\limits_{k}^{x} k \sum\limits^{x} \sum k}{N^2 - \sum\limits_{k}^{x} k \sum\limits^{x} \sum k} \quad\quad (5\text{-}4)$$

式中，K 为 Kappa 系数；N 为地表真实验证样本的像元总和；k 为地物类型数量。其主要评判标准如表 5-2 所示。

表 5-2 Kappa 系数与分类质量

Kappa 系数	分类结果评价
<0	很差
0～0.2	差
0.2～0.4	一般
0.4～0.6	好
0.6～0.8	很好
<0.8	极好

5.4.2 精度评价与对比分析

本书采用 Hyperion 影像、Hyperion 与 ALI 10 m 全色波段融合影像、HSI 影像、HSI 与 Landsat8 OLI 全色波段融合影像，基于最大似然分类法、支持向量机分类法和波谱角填图分类法对纳帕海湿地植被类型进行了遥感分类识别。与其他方法不同，波谱角填图分类法是以地面实测数据为参考，对 Hyperion 影像进行分类识别，不存在不同特征波段对应不同影像的情况。对各种方法所得分类结果进行精度评价如下。

1.最大似然分类法

采用最大似然分类法对 Hyperion 影像、Hyperion 与 ALI 10 m 全色波段融合影像、HSI 影像、HSI 与 Landsat8 OLI 全色波段融合影像进行了分类提取,利用 6 种特征提取方法,其中 HSI 影像分类结果一般,分类精度如表 5-3 所示。

表 5-3   HSI 影像的最大似然分类法混淆矩阵(%)

植被类型	制图精度	用户精度
翅茎苔草	72.92	83.33
鹅绒委陵菜	7.41	20.00
鸭子草	75.00	57.69
水蓼	25.64	30.30
水葱	71.43	97.22
发草	27.59	14.55

采用最大似然分类法在 HSI 影像上仅能识别翅茎苔草、鸭子草和水葱,其他 3 种植被的分类精度不能满足要求。采用该方法的总体分类精度为 49.53%,Kappa 系数为 0.395。由于 HSI 影像的空间分辨率仅为 100 m,在该分辨率的像元尺度上对湿地植被进行识别较为困难。

通过对高光谱影像的最大似然法分类精度(表 5-4)进行对比可得出六点结论。

表 5-4   最大似然法分类精度对比

特征波段选择方法	HSI 融合影像		Hyperion 影像		Hyperion 融合影像	
	总体精度/%	Kappa 系数	总体精度/%	Kappa 系数	总体精度/%	Kappa 系数
原始光谱反射率	64.60	0.573	85.54	0.827	85.84	0.837
一阶微分	54.57	0.475	87.92	0.856	88.36	0.848
二阶微分	67.37	0.610	88.60	0.857	89.45	0.874
对数	52.04	0.420	86.75	0.842	88.26	0.859
对数导数	55.50	0.446	78.39	0.743	63.91	0.568
包络线去除	54.11	0.448	81.33	0.778	80.83	0.770

(1)基于原始光谱反射率特征波段选择进行的最大似然分类中,Hyperion 影像分类精度最高,效果最好;HSI 影像经过融合之后的总体精度从 49.53%提高至 64.60%。由此可以看出,采用 GS 变换将 HSI 影像与 Landsat8 OLI 全色波段影像进行融合,有效地提高了高光谱影像的分类精度。

(2)基于一阶微分特征波段提取方法进行的最大似然分类中,Hyperion 融合影像分类精度最高,为 88.36%,Kappa 系数为 0.848;Hyperion 影像次之;HSI 融合影像分类精度最低；为 54.57%，Kappa 系数为 0.475。Hyperion 影像经融合后，空间分辨率从 30 m 提高至 10 m，其分类精度高于 Hyperion 原始影像。HSI 影像分类精度最低，受其空间分辨率低的限制，分类结果一般。分析发现，GS 融合方法适用于一阶微分降维影像分类，采用该方法可有效提高 Hyperion 影像的分类精度。

(3) 基于二阶微分特征波段提取方法进行最大似然分类，Hyperion 融合影像效果最好，其总体分类精度为 89.45%，Kappa 系数为 0.874；Hyperion 影像次之；HSI 融合影像分类效果最差，总体精度为 67.37%，Kappa 系数为 0.610。基于不同降维方法的最大似然分类结果中，Hyperion 影像和 HSI 影像二阶微分提取的效果最好。

(4) 基于对数的特征波段提取方法进行的最大似然分类中，Hyperion 融合影像分类精度为 88.26%，Kappa 系数为 0.859，分类效果最好。Hyperion 影像与其融合影像分类效果差异不显著，GS 融合方法效果不明显；HSI 融合影像分类精度最低，为 52.04%。

(5) 基于对数导数特征波段提取方法进行的最大似然分类中，Hyperion 影像分类精度为 78.39%，Kappa 系数为 0.743，分类效果最好；HSI 融合影像效果最差，总体分类精度为 55.50%，Kappa 系数为 0.446；原始光谱反射率经过对数变换后影像分类精度没有提高。

(6) 在基于包络线去除的最大似然分类结果中，Hyperion 影像分类效果最好，总体精度为 81.33%，Kappa 系数为 0.778；Hyperion 影像进行 GS 融合后，分类精度得到提高；HSI 融合影像分类效果最差，总体分类精度为 54.11%，Kappa 系数为 0.448。包络线去除特征波段提取方法对 GS 融合分类效果具有一定影响，该方法导致 GS 融合后影像分类精度降低。

综合上述分析得出结论：在 6 种数据降维方法中，基于二阶微分特征波段提取方法的最大似然分类效果最好，基于对数导数特征波段提取方法的最大似然方法效果最差；在 3 幅影像中，Hyperion 融合影像分类效果最好，HSI 影像受其空间分辨率的影响，最大似然分类效果一般。

2.支持向量机分类法

对 Hyperion 影像、Hyperion 与 ALI 10 m 全色波段融合影像、HSI 影像、HSI 与 Landsat8 OLI 全色波段融合影像进行支持向量机分类，结果如表 5-5 所示。

表 5-5　支持向量机分类精度对比

特征波段选择方法	HSI 融合影像		Hyperion 影像		Hyperion 融合影像	
	总体精度/%	Kappa 系数	总体精度/%	Kappa 系数	总体精度/%	Kappa 系数
原始光谱反射率	70.85	0.647	86.43	0.844	87.17	0.865
一阶微分	58.44	0.499	88.61	0.864	89.09	0.875

续表

特征波段 选择方法	HSI 融合影像		Hyperion 影像		Hyperion 融合影像	
	总体精度/%	Kappa 系数	总体精度/%	Kappa 系数	总体精度/%	Kappa 系数
二阶微分	73.27	0.677	89.58	0.876	90.12	0.881
对数	51.96	0.413	77.58	0.742	88.26	0.859
对数导数	59.06	0.503	75.91	0.707	67.55	0.627
包络线去除	54.79	0.452	88.28	0.860	83.33	0.800

(1) 基于原始光谱反射率特征波段提取方法进行的支持向量机分类中，Hyperion 融合影像分类精度最高，为 87.17%，Kappa 系数为 0.865；HSI 融合影像分类精度最低，为 70.85%，Kappa 系数为 0.647。采用支持向量机分类方法对 HSI 融合影像分类，其分类精度达 70.00%以上。HSI 影像融合后，总体精度从 HSI 影像的 49.53%到采用最大似然法的 64.60%，最后提高到采用支持向量机分类的 70.85%。

(2) 基于一阶微分特征波段提取方法进行的支持向量机分类中，Hyperion 融合影像分类精度最高，为 89.09%，Kappa 系数为 0.875；Hyperion 影像与之近似；HSI 融合影像分类精度最低，为 58.44%，Kappa 系数为 0.499。分析发现，在基于一阶微分特征波段提取的支持向量机分类中，采用 Hyperion 融合影像分类效果最好。

(3) 基于二阶微分特征波段提取方法进行的支持向量机分类中，Hyperion 融合影像分类效果最好，总体分类精度为 90.12%，Kappa 系数为 0.881；Hyperion 影像次之；HSI 融合影像总体分类精度为 73.27%，Kappa 系数 0.677。在 6 种特征波段提取方法中，Hyperion 影像和 HSI 影像二阶微分提取的效果最好。基于支持向量机、二阶微分特征波段提取的支持向量机分类中，HSI 融合影像分类识别精度较高；GS 融合方法适用于二阶微分特征波段提取的 Hyperion 影像分类。

(4) 基于对数特征波段提取方法进行的支持向量机分类中，Hyperion 融合影像分类精度为 88.26%，Kappa 系数为 0.859，分类效果最好；Hyperion 影像的分类精度偏低；HSI 融合影像分类精度最低，为 51.96%。分析得出，基于 GS 融合方法的 Hyperion 影像与 ALI 10 m 全色波段影像融合的方法有效提高了 Hyperion 影像的分类精度。

(5) 基于对数导数特征波段提取方法进行的支持向量机分类中，Hyperion 影像分类精度为 75.91%，Kappa 系数为 0.707，分类精度最高；Hyperion 影像融合之后分类精度有下降；HSI 融合影像分类精度最低，为 59.06%。基于对数导数特征波段提取方法的 HSI 影像分类精度大于一阶微分、对数和包络线去除方法。对数导数特征波段提取方法对 GS 融合算法具有一定影响，该方法导致 GS 融合后影像分类精度降低。分析得出，基于 GS 的 Hyperion 影像与 ALI 10 m 全色波段影像融合的方法适用于对数导数影像分类。

(6)基于光谱包络线去除的特征波段提取方法进行的支持向量机分类中，Hyperion影像分类精度最高，为88.28%，Kappa系数为0.860。在此方法中，Hyperion融合影像的总体分类精度为83.33%；Hyperion影像融合后在总体分类精度方面均有所下降，表明 GS 融合算法和降维方法结合对提高分类精度无显著帮助。HSI融合影像分类精度为54.79%。研究表明，采用去包络线去除的特征波段提取方法进行支持向量机分类，Hyperion影像分类效果最好。

综上，在 6 种支持向量机分类方法中，基于二阶微分的支持向量机分类效果最好，且与一阶微分支持向量机分类的效果相差不大，基于对数导数的支持向量机分类效果最差；在 3 幅影像中，Hyperion 融合影像效果最佳，HSI 融合影像效果最差。

3.波谱角填图分类法

Hyperion 影像的波谱角填图分类混淆矩阵如表 5-6 所示。从表中可以看出，采用 SAM 分类方法对高光谱影像的识别效果较好，准确提取了翅茎苔草、鸭子草、水蓼、水葱和发草 5 种典型湿地植物优势种群落，其中，发草的识别效果最佳，鹅绒委陵菜的识别效果相对较差。结合外业调查结果分析可知，翅茎苔草在纳帕海湿地分布范围广泛，易于识别；鹅绒委陵菜生长于湖滨带，受水和裸地光谱反射率的影响，故不易区分。

表 5-6 Hyperion 影像的波谱角填图分类混淆矩阵(%)

群落类型	制图精度	用户精度
翅茎苔草	81.25	75.00
鹅绒委陵菜	14.29	100.00
鸭子草	81.08	88.24
水蓼	69.23	79.41
水葱	73.47	100.00
发草	100.00	63.46

第6章 光谱变量与理化参数
相关分析

反映高原湿地植物养分状况的理化参数较多，本书在总结国内外已有的利用遥感手段反演植被理化参数的相关研究成果的基础上，结合研究区 6 种植物的特征，选取磷含量、氮含量、钾含量、钠含量、含水率、相对叶绿素指数、鲜生物量和干生物量共 8 个理化参数进行研究。生物量指某一时刻单位面积内实存生活的有机物质的总量。水分与植物光合作用、呼吸作用和生物量息息相关，植物水分含量直接影响植物的生理过程和形态结构，进而影响植物生长，通过湿地植被含水量可分析湿地干旱程度、蒸腾蒸散量等，对湿地生态系统具有指示作用。叶绿素是植物体内的重要色素之一，对植物的光合作用有较好的指示作用，可用其分析植物受外界因素的胁迫程度，作为评价湿地植被质量的指标之一。氮与叶绿素、蛋白质、酶、维生素、生物碱和植物激素等重要组成密切相关，进而影响植物器官形成和生长发育，对植物生长、产量影响最为显著，对湿地植物氮含量的分析，对湿地植物净初级生产力、氮循环等研究有重要意义。磷含量是研究植物营养组分的内容之一，对铁、锰、锌等元素的吸收有一定影响，从而影响植物生长与品质。钾是植物必需的营养元素之一，对光合作用中酶的活化、抵抗外界不良因素能力具有重要作用，钾还能调节细胞的渗透压。钠可作为钾元素的替代，维持液泡的正常膨压，减缓钾元素含量低时渗透压变化的影响。

本章基于外业实测光谱数据(共 74 个样地、1184 个样方、2960 条实测光谱曲线)，分别分析原始光谱反射率、原始光谱反射率一阶微分、"三边"参数、小波系数和窄波段 NDVI 与 8 个理化参数的相关性，筛选各理化参数对应的相关性较强的光谱变量。

6.1 理化参数统计分析

对研究区 6 种植物外业采集的样本进行室内理化参数测定与分析，理化参数统计分析结果如表 6-1~表 6-6 所示。

表 6-1 鹅绒委陵菜理化参数统计

参数	最大值	最小值	平均值	标准差	极差	变异系数
鲜生物量/(g·m^{-2})	945.92	446.40	769.26	152.83	499.52	0.20
干生物量/(g·m^{-2})	368.64	189.28	286.95	65.09	179.36	0.23
含水率	0.69	0.58	0.63	0.04	0.11	0.06
相对叶绿素指数	9.80	2.50	4.50	2.51	7.30	0.56
磷含量/(mg·kg^{-1})	123.66	93.76	112.82	10.23	29.90	0.09
氮含量/(g·kg^{-1})	9.52	2.24	5.37	2.69	7.28	0.50
钾含量/(μg·mL^{-1})	3.80	1.60	2.80	0.61	2.20	0.22
钠含量/(μg·mL^{-1})	1.50	0.10	0.56	0.46	1.40	0.83

表 6-2 华扁穗草理化参数统计

参数	最大值	最小值	平均值	标准差	极差	变异系数
鲜生物量/(g·m^{-2})	1318.08	576.64	833.70	245.43	741.44	0.29
干生物量/(g·m^{-2})	304.80	163.36	214.82	53.03	141.44	0.25
含水率	0.82	0.61	0.73	0.07	0.21	0.10
相对叶绿素指数	5.03	1.37	3.28	1.56	3.66	0.47
磷含量/(mg·kg^{-1})	254.75	134.06	181.91	40.59	120.69	0.22
氮含量/(g·kg^{-1})	16.80	2.03	9.14	4.94	14.77	0.54
钾含量/(μg·mL^{-1})	6.00	3.00	4.44	1.09	3.00	0.25
钠含量/(μg·mL^{-1})	1.40	0.30	0.61	0.41	1.10	0.67

表 6-3 菰理化参数统计

参数	最大值	最小值	平均值	标准差	极差	变异系数
鲜生物量/(g·m^{-2})	14141.76	1727.04	5897.63	3034.60	12414.72	0.51
干生物量/(g·m^{-2})	2075.20	441.60	938.08	386.76	1633.60	0.41
含水率	0.90	0.70	0.82	0.07	0.20	0.08
相对叶绿素指数	26.30	12.13	18.16	2.95	14.17	0.16
磷含量/(mg·kg^{-1})	162.48	70.00	125.20	28.47	92.48	0.23
氮含量/(g·kg^{-1})	10.22	1.54	4.69	2.20	8.68	0.47
钾含量/(μg·mL^{-1})	6.50	2.50	4.20	1.06	4.00	0.25
钠含量/(μg·mL^{-1})	5.20	0.90	2.30	0.81	4.30	0.35

表 6-4 偏花报春理化参数统计

参数	最大值	最小值	平均值	标准差	极差	变异系数
鲜生物量/(g·m^{-2})	1735.04	496.64	1169.44	487.44	1238.40	0.42
干生物量/(g·m^{-2})	288.16	88.00	204.53	75.49	200.16	0.37
含水率	0.84	0.78	0.82	0.02	0.06	0.03
相对叶绿素指数	10.37	8.03	9.36	0.81	2.34	0.09

参数	最大值	最小值	平均值	标准差	极差	变异系数
磷含量/(mg·kg^{-1})	161.78	97.52	129.50	26.55	64.26	0.21
氮含量/(g·kg^{-1})	6.79	2.10	4.00	1.72	4.69	0.43
钾含量/(μg·mL^{-1})	8.00	3.60	5.43	1.66	4.40	0.31
钠含量/(μg·mL^{-1})	9.00	0.40	3.00	3.50	8.60	1.17

表 6-5　水蓼理化参数统计

参数	最大值	最小值	平均值	标准差	极差	变异系数
鲜生物量/(g·m^{-2})	1515.36	794.88	1221.23	237.27	720.48	0.19
干生物量/(g·m^{-2})	424.32	116.80	254.08	82.38	307.52	0.32
含水率	0.85	0.68	0.79	0.05	0.17	0.06
相对叶绿素指数	21.33	1.50	8.46	7.42	19.83	0.88
磷含量/(mg·kg^{-1})	253.76	103.17	179.11	46.98	150.59	0.26
氮含量/(g·kg^{-1})	19.67	3.43	7.39	5.07	16.24	0.69
钾含量/(μg·mL^{-1})	6.60	1.90	4.74	1.57	4.70	0.33
钠含量/(μg·mL^{-1})	2.10	0.10	0.67	0.63	2.00	0.94

表 6-6　鸭子草理化参数统计

参数	最大值	最小值	平均值	标准差	极差	变异系数
鲜生物量/(g·m^{-2})	1415.68	949.76	1155.44	170.09	465.92	0.15
干生物量/(g·m^{-2})	160.48	111.20	135.76	20.49	49.28	0.15
含水率	0.89	0.87	0.88	0.01	0.02	0.01
相对叶绿素指数	25.23	15.70	19.65	3.27	9.53	0.17
磷含量/(mg·kg^{-1})	239.01	167.52	215.33	27.38	71.49	0.13
氮含量/(g·kg^{-1})	9.59	3.29	6.86	2.39	6.30	0.35
钾含量/(μg·mL^{-1})	9.50	5.60	7.12	1.56	3.90	0.22
钠含量/(μg·mL^{-1})	8.70	1.00	4.47	3.27	7.70	0.73

从表 6-1～表 6-6 中的平均值可以看出,菰的鲜生物量和干生物量平均值最大,分别为 5897.63 g·m^{-2} 和 938.08 g·m^{-2};鸭子草的含水率、相对叶绿素指数、磷含量、钾含量和钠含量最高,含水率平均值为 0.88,相对叶绿素指数平均值为 19.65,磷含量平均值为 215.33 mg·kg^{-1},钾含量平均值为 7.12μg·mL^{-1},钠含量平均值为 4.47 μg·mL^{-1};水蓼的氮含量平均值最高,为 7.39 g·kg^{-1}。

从变异系数和标准差分析可知,各植物种的含水率变异系数均不超过 0.1,说明含水率离散程度较小,同时说明湿地植被含水率差异不显著;从极差值看,菰的鲜生物量和干生物量极差值最大,说明在同一个生长环境中菰的生物量差异明显。

6.2　原始光谱反射率与理化参数的相关性

6.2.1　鲜生物量与原始光谱反射率的相关性

从图 6-1 中可看出，鹅绒委陵菜、偏花报春和水蓼的部分波段，原始光谱反射率与鲜生物量相关性达到 0.05 显著水平，偏花报春部分波段达到 0.01 极显著水平；华扁穗草、菰和鸭子草没有波段达到显著水平。鹅绒委陵菜的原始光谱反射率集中于短波红外 2 波段，波段为 1969～2350 nm；偏花报春集中于红光至近红外波段，波段为 713～1324 nm，其中在 720～743 nm 和 924～967 nm 波段达到极显著水平；水蓼集中于蓝绿光波段，波段为 390～507 nm。

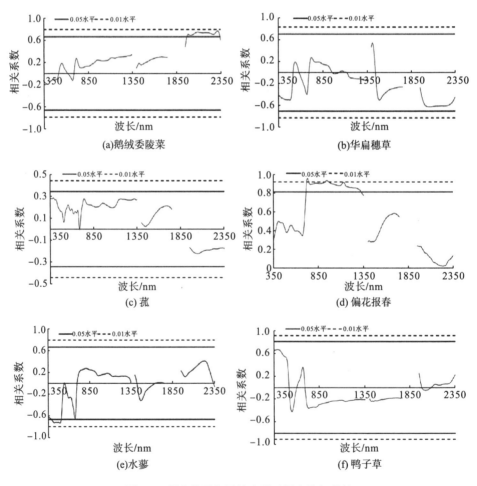

图 6-1　鲜生物量与原始光谱反射率的相关性

从曲线形状上分析，鹅绒委陵菜在蓝绿光和红谷附近为负相关，绿峰附近、近红外波段和短波红外均为正相关；华扁穗草在蓝绿光和红谷附近为负相关，绿峰附近、698～960 nm和短波红外处均为正相关；菰在可见光—近红外波段和短波红外1波段为正相关，短波红外2波段为负相关；偏花报春所有波段均为正相关；水蓼在350～544 nm、1423～1639 nm、2337～2350 nm波段为负相关，其他波段均为正相关；鸭子草在516～600 nm、691～1750 nm、1980～2083 nm波段为负相关，其他波段均为正相关。

从显著性上看，鹅绒委陵菜在2320 nm处相关性最高，相关系数为0.773；偏花报春在729 nm处相关性最高，相关系数为0.957；水蓼在493 nm处相关性最高，相关系数为-0.734。

6.2.2　干生物量与原始光谱反射率的相关性

从图6-2中可看出，鹅绒委陵菜、华扁穗草、菰、偏花报春和水蓼的部分波段，原始光谱反射率与干生物量相关性达到0.05显著水平，偏花报春和菰部分波段达到0.01极显著水平；鸭子草没有波段达到显著水平。鹅绒委陵菜集中于短波红外2波段，波段为1958～2002 nm和2307～2350 nm；华扁穗草集中于短波红外1波段，波段为1400～1412 nm；菰集中于蓝光、绿光和红光波段，波段为350～409 nm、519～664 nm和700～734 nm；偏花报春集中于红光—近红外波段，波段为713～1324 nm，其中在720～743 nm和924～967 nm波段达到极显著水平；水蓼集中于蓝绿光波段，波段为350～430 nm。

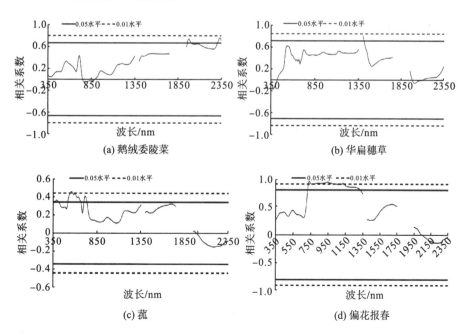

(a) 鹅绒委陵菜　　　　(b) 华扁穗草

(c) 菰　　　　(d) 偏花报春

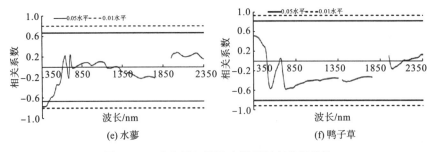

图 6-2　干生物量与原始光谱反射率的相关性

从曲线形状上分析，鹅绒委陵菜、华扁穗草、菰、偏花报春和鸭子草的曲线与鲜生物量相关系数曲线形状相似。鹅绒委陵菜在 750～892 nm 波段为负相关，其他波段均为正相关；华扁穗草在蓝绿光和短波红外波段为负相关，分别为 350～424 nm 和 1975～2102 nm，其他均为正相关；菰在可见光—近红外波段和短波红外 1 波段均为正相关，短波红外 2 波段除 1950～1986 nm，其他均为负相关；偏花报春除 1950～2042 nm，均为正相关；水蓼在 350～599 nm、659～588 nm、723～762 nm、1152～1234 nm、1298～1350 nm、1400～1750 nm 波段为负相关，其他波段均为正相关；鸭子草在 350～505 nm、654～676 nm、1950～1958 nm 和 2115～2350 nm 波段为正相关，其他波段均为负相关。

从显著性上看，鹅绒委陵菜在 2336 nm 处相关性最高，相关系数为 0.758；华扁穗草在 1400 nm 处相关性最高，相关系数为 0.800；菰在 561 nm 处相关性最高，相关系数为 0.461；偏花报春在 732 nm 处相关性最高，相关系数为 0.965；水蓼在 372 nm 处相关性最高，相关系数为 -0.771。

综合分析植物种原始光谱反射率与鲜生物量和干生物量间的相关性，除鸭子草外，其他植物种的原始光谱反射率与干生物量的相关性，达到显著的波段数量比鲜生物量多，偏花报春和水蓼与干生物量相关性最高的相关系数比鲜生物量有所提高。鲜生物量的测定中包含了水分，植物的光谱反射率受水的影响较明显，因此光谱反射率与脱水后的干生物量相关性有所增强。

6.2.3　含水率与原始光谱反射率的相关性

从图 6-3 中可看出，华扁穗草和菰的部分波段，原始光谱反射率与含水率的相关性达到 0.05 显著水平，鹅绒委陵菜、偏花报春、水蓼和鸭子草没有波段达到显著水平。华扁穗草在 484～495 nm、663～676 nm、1457～1549 nm 和 2063～2350 nm 波段达到 0.05 显著水平；菰集中于近红外波段，在 782～952 nm 和 1033～1135 nm 波段达到 0.05 显著水平。

从曲线形状上分析，鹅绒委陵菜的原始光谱反射率曲线与植物原始光谱反射率曲线形状相似，当波长大于 676 nm 时，菰的原始光谱反射率曲线与经典的植物原始光谱反射率曲线形状相似。鹅绒委陵菜在 732～1152 nm、1222～1300 nm 和 2019～2323 nm 波段为正相关，其他波段均为负相关；华扁穗草所有波段与含水率均为负相关；菰在 350～486 nm、668～674 nm、724～1350 nm 和 1618～1738 nm 波段为正相关，其他均为负相关；偏花报春所有波段与含水率均为正相关；水蓼在 590～712 nm、1061～1129 nm、1448～1480 nm 和 1950～2350 nm 波段为负相关，其他波段均为正相关；鸭子草所有波段与含水率均为正相关。

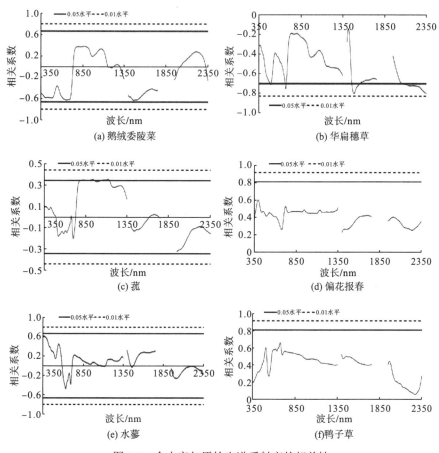

图 6-3 含水率与原始光谱反射率的相关性

从显著性上看，华扁穗草在 2350 nm 处相关性最高，相关系数为 0.807；菰在 1118 nm 处相关性最高，相关系数为 0.355。

从植物生长环境看，鹅绒委陵菜、偏花报春和水蓼多数生长于水分含量较低的草甸，华扁穗草分布较广，并且与湿地土壤的关系密切，处于湿地的土壤水分较多，原始光谱反射率与植被含水率呈负相关；菰为水生植物，并且植株较高，叶片宽，植物光谱在近红外波段反射率最高，与植物叶片结构多重反射有关，因此部分近红外波段与植物含水率达到显著正相关；偏花报春生长于湿草地，所有波段与植物含水率呈正相关；鸭子草为浮水植物，所有波段反射率均与含水率呈正相关。

6.2.4　相对叶绿素含量与原始光谱反射率的相关性

从图 6-4 中可看出，鹅绒委陵菜、水蓼和鸭子草的部分波段，原始光谱反射率与相对叶绿素指数的相关性达到 0.05 显著水平，其中鹅绒委陵菜和水蓼部分波段达到 0.01 极显著水平，华扁穗草、菰和偏花报春没有波段达到显著水平。鹅绒委陵菜集中于近红外波段，在 710~755 nm、913~1042 nm、1103~1350 nm、1400~1750 nm 和 1950~1970 nm 波段达到 0.05 显著水平，其中在 1151~1176 nm、1316~1350 nm 和 1406~1750 nm 波段达到 0.01 极显著水平；水蓼集中于蓝绿光波段，在 350~506 nm 波段达到 0.05 显著水平，其中在 350~492 nm 波段达到 0.01 极显著水平；鸭子草在 592~697 nm 波段达到 0.05 显著水平。

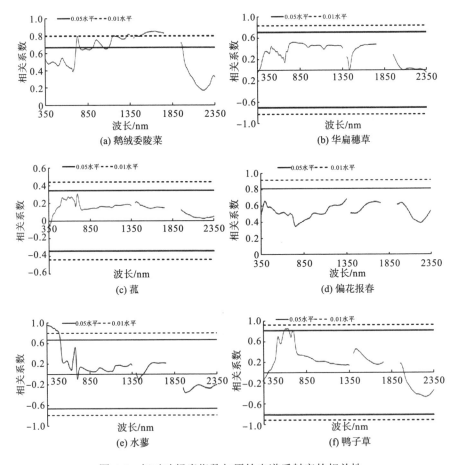

图 6-4　相对叶绿素指数与原始光谱反射率的相关性

从曲线形状上分析，各植物种原始光谱反射率与 CCI 的相关性相比，鲜生物量、干生物量和含水率大部分向 Y 轴正半轴偏移，大部分波段与 CCI 呈正相关。鹅绒委陵菜所有波段均为正相关；华扁穗草在 350～371 nm、2067～2085 nm 和 2310～2350 nm 波段为负相关，其他均为正相关；菰在 350～383 nm 波段为负相关，其他均为正相关；偏花报春所有波段与 CCI 均为正相关；水蓼在 694～710 nm、1404～1486 nm、1950～2350 nm 波段为负相关，其他波段均为正相关；鸭子草在 350～401 nm、1404～1486 nm、1996～2350 nm 波段为负相关，其他波段均为正相关。

从显著性上看，鹅绒委陵菜在 1650 nm 处相关性最高，相关系数为 0.854；水蓼在 350 nm 处相关性最高，相关系数为 0.951。鸭子草在 633 nm 处相关性最高，相关系数为 0.854。综合分析原始光谱反射率与 CCI 的相关性，鹅绒委陵菜和偏花报春在可见光、近红外波段和短波红外 1 波段整体上生物量和含水率更趋近于 1。

6.2.5　磷与原始光谱反射率的相关性

从图 6-5 中看出，鹅绒委陵菜、华扁穗草、菰和鸭子草的部分波段，原始光谱反射率与磷的相关性达到 0.05 显著水平，其中鹅绒委陵菜和菰部分波段达到 0.01 极显著水平，偏花报春和水蓼没有波段达到显著水平。鹅绒委陵菜集中于可见光和短波红外 1 波段，在 399～494 nm、690～728 nm、1157～1172 nm、1310～1350 nm 和 1400～1750 nm 波段达到 0.05 显著水平，其中在 1404～1750 nm 波段达到 0.01 极显著水平；华扁穗草集中于近红外波段末端，在 1310～1350 nm 波段达到 0.05 显著水平；菰集中于近红外波段，在 746～1311 nm 波段达到 0.05 显著水平，其中 864～944 nm 和 1024～1130 nm 波段达到 0.01 极显著水平；鸭子草在 517～573 nm 波段达到 0.05 显著水平。

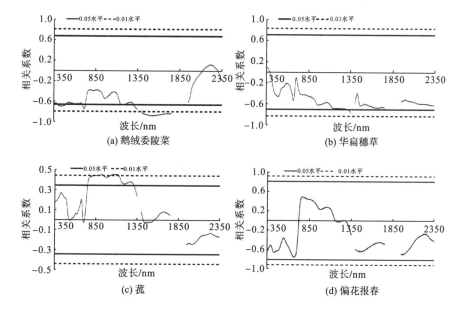

(a) 鹅绒委陵菜　　　　　(b) 华扁穗草

(c) 菰　　　　　(d) 偏花报春

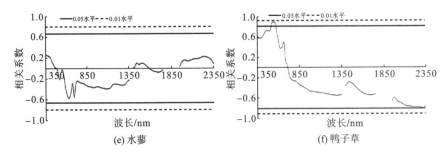

图 6-5　磷与原始光谱反射率的相关性

从曲线形状上分析，偏花报春的曲线与植被光谱反射率曲线形状相似，当波长大于 671 nm 时，菰的曲线与植物光谱反射率曲线形状相似。除菰外，其余 5 个植物种的光谱反射率与磷呈负相关的波段数较多。

鹅绒委陵菜在 2118~2301 nm 波段为正相关，其他波段均为负相关；华扁穗草所有波段均为负相关；菰在 523~546 nm、692~710 nm、1426~1554 nm 和 1950~2350 nm 波段为负相关，其他均为正相关；偏花报春在 724~1166 nm、1244~1280 nm 波段为正相关，其他均为负相关；水蓼在 350~478 nm、1400~1590 nm 和 1950~2350 nm 波段为正相关，其他波段均为负相关；鸭子草在 350~712 nm 波段为正相关，其他均为负相关。

从显著性上看，鹅绒委陵菜在 1529 nm 处相关性最高，相关系数为-0.876；华扁穗草在 1350 nm 处相关性最高，相关系数为-0.766；菰在 1085 nm 处相关性最高，相关系数为 0.455；鸭子草在 553 nm 处相关性最高，相关系数为 0.892。

6.2.6　氮与原始光谱反射率的相关性

从图 6-6 中可看出，偏花报春和水蓼的部分波段，原始光谱反射率与氮的相关性达到 0.05 显著水平，其中水蓼部分波段达到 0.01 极显著水平，鹅绒委陵菜、华扁穗草、菰和鸭子草没有波段达到显著水平。偏花报春集中于近红外波段，在 1128~1216 nm 波段达到 0.05 显著水平；水蓼集中于蓝绿光波段，在 350~497 nm 波段达到 0.05 显著水平，其中在 350~447 nm 波段达到 0.01 极显著水平。

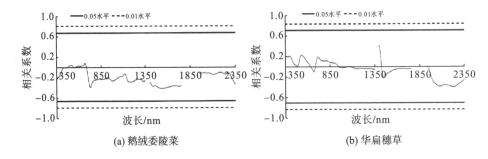

(a) 鹅绒委陵菜　　　　　　　　　　　(b) 华扁穗草

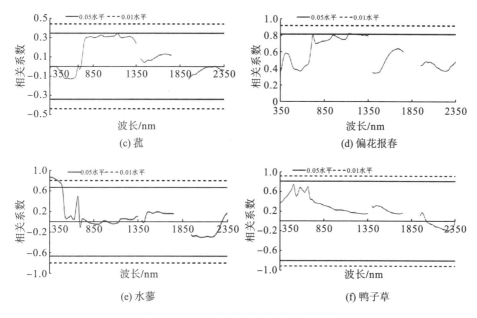

图 6-6　氮与原始光谱反射率的相关性

从曲线形状上分析，当波长大于 696 nm 时，菰的曲线与植物光谱反射率曲线形状相似。6 个植物种除鹅绒委陵菜和华扁穗草外，其他植物光谱反射率与氮呈正相关的波段数较多，氮对植物生长发育有重要影响，叶绿素含有大量含氮化合物，因此原始光谱反射率与氮呈正相关。鹅绒委陵菜在 479～540 nm、565～687 nm 波段为正相关，其他波段均为负相关；华扁穗草在 350～634 nm、688～951 nm、1053～1084 nm 和 1400～1426 nm 波段为正相关，其他波段均为负相关；菰在 350～382 nm、392～710 nm 和 1950～2350 nm 波段为负相关，其他均为正相关；偏花报春所有波段均为正相关；水蓼在 692～713 nm、783～949 m、1007～1135 nm、1407～1426 nm 和 1950～2290 nm 波段为负相关，其他波段均为正相关；鸭子草在 2019～2350 nm 波段为负相关，其他均为正相关。

从显著性上看，偏花报春在 1141 nm 处相关性最高，相关系数为 0.822；水蓼在 359 nm 处相关性最高，相关系数为 0.862。

6.2.7　钾与原始光谱反射率的相关性

从图 6-7 中看出，鹅绒委陵菜和鸭子草的部分波段，原始光谱反射率与钾的相关性达到 0.05 显著水平，其中部分波段达到 0.01 极显著水平。华扁穗草、菰、偏花报春和水蓼没有波段达到显著水平。鹅绒委陵菜集中于可见光波段，在 350～539 nm 和 556～708 nm 波段达到 0.05 显著水平，其中在 350～509 nm 和 619～690 nm 波段达到 0.01 极显著水平；水蓼在 1956～1962 nm 波段达到 0.05 显著水平；鸭子草集中于蓝光波段，在 350～489 nm 波段达到 0.05 显著水平，其中在 350～447 nm 波段达到 0.01 极显著水平。

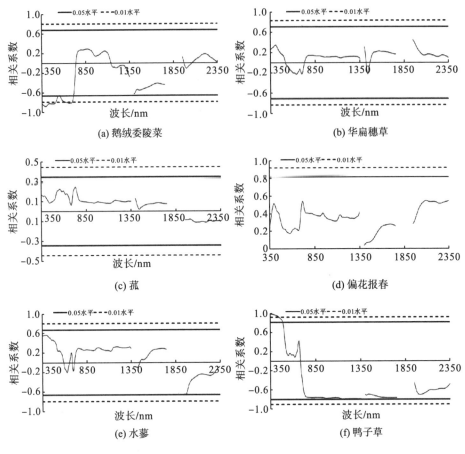

图 6-7　钾与原始光谱反射率的相关性

从曲线形状上分析，鹅绒委陵菜在可见光—近红外和短波红外 1 波段的曲线与植物光谱反射率曲线形状相似；华扁穗草、偏花报春、水蓼和鸭子草在蓝绿波段的光谱反射率与钾的相关性随波长增加急剧下降，其中当波长大于 666 nm 时，鸭子草由正相关快速转为负相关；华扁穗草、菰、偏花报春、水蓼和鸭子草在近红外波段，光谱反射率与钾的相关性较为稳定。钾可以增强植物细胞对环境条件的调节作用，并且钾能增加细胞壁厚度，对于近红外波段的多重反射起一定作用，故在近红外波段处光谱反射率与钾的相关性较稳定。

在 6 种植物中，鹅绒委陵菜和鸭子草的光谱反射率与钾呈负相关的波段数较多。鹅绒委陵菜在 738～1141 nm 和 1950～1966 nm 和 2063～2349 nm 波段为正相关，其他波段均为负相关；华扁穗草在 519～727 nm、1420～1462 nm 波段为负相关，其他波段均为正相关；菰在短波红外 2 波段 1950～2350 nm 处为负相关，其他均为正相关；偏花报春所有波段均为正相关；水蓼在 596～711 nm、1400～1448 nm 和 1950～2350 nm 波段为负相关，其他波段均为正相关；鸭子草在 350～682 nm 波段为正相关，其他均为负相关。从显著性上看，鹅绒委陵菜在 393 nm 处相关性最高，相关系数为-0.883；水蓼在 1959 nm 处相关性最高，相关系数为-0.669；鸭子草在 351 nm 处相关性最高，相关系数为 0.982。

6.2.8　钠与原始光谱反射率的相关性

从图 6-8 中可看出，菰和水蓼的部分波段，原始光谱反射率与钠的相关性达到 0.05 显著水平，菰在部分波段达到 0.01 极显著水平，鹅绒委陵菜、华扁穗草、偏花报春和鸭子草没有波段达到显著水平。菰集中于蓝光波段和短波红外 1 波段，在 350～390 nm、1350 nm 和 1587～1750 nm 波段达到 0.05 显著水平，其中在 352～363 nm 波段达到 0.01 极显著水平；水蓼集中于红光波段，在 616～673 nm 波段达到 0.05 显著水平。从曲线形状上分析，偏花报春在可见光—近红外和短波红外 2 波段的曲线与植物光谱反射率曲线形状相似；鹅绒委陵菜、菰、水蓼和鸭子草在部分波段的光谱反射率与钠的相关性，随波长增加，相关性持续下降或增加。其中，鹅绒委陵菜在 683 nm 后由正相关变为负相关；菰在 350～505 nm 和 558～684 nm 波段相关性急剧下降；偏花报春在 548～700 nm 波段持续下降；水蓼在 498～546 nm 波段持续下降，由正转负；鸭子草在 392～688 nm 波段持续下降；华扁穗草在可见光—近红外波段，随波长增加，相关性持续增加。

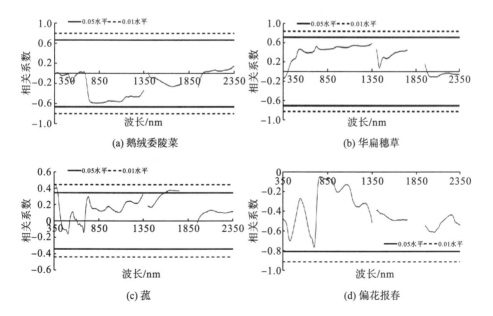

(a) 鹅绒委陵菜　　　　　　　　　　(b) 华扁穗草

(c) 菰　　　　　　　　　　　　　　(d) 偏花报春

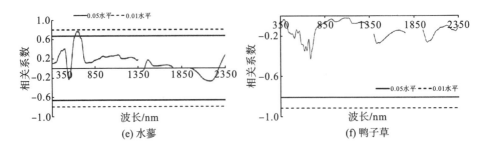

图 6-8　钠与原始光谱反射率相关性

鹅绒委陵菜、华扁穗草、水蓼和鸭子草在近红外波段，光谱反射率与钠的相关性较为稳定。钠在某些方面能代替钾，能促进植物细胞伸展，对于近红外波段的多重反射起一定作用，因此在近红外波段处光谱反射率与钠的相关性较稳定。

在 6 种植物中，鹅绒委陵菜、偏花报春和鸭子草的光谱反射率与钠呈负相关的波段数较多。鹅绒委陵菜在 369～403 nm、615～694 nm、1400～1401 nm 和 2002～2350 nm 波段是正相关，其他波段均为负相关；华扁穗草在 350～402 nm、1974～2350 nm 波段为负相关，其他波段均为正相关；菰在 427～526 nm、608～697 nm 和 1950～1958 nm 波段为负相关，其他均为正相关；偏花报春所有波段均为负相关；水蓼在 526～571 nm、1400～1426 nm 和 1950～2277 nm 波段为负相关，其他均为正相关；鸭子草所有波段均为负相关。从显著性看，菰在 357 nm 处相关性最高，相关系数为 0.445；水蓼在 640 nm 处相关性最高，相关系数为 0.762。

6.3　原始光谱反射率一阶微分与理化参数的相关性

6.3.1　鲜生物量与原始光谱反射率一阶微分的相关性

从图 6-9 中可看出，对原始光谱反射率进行一阶微分后，各植物种均有一部分与鲜生物量相关性达到 0.05 显著水平的波段，华扁穗草、菰和偏花报春的部分波段达到 0.01 极显著水平。鹅绒委陵菜在 629～631 nm、2023～2028 nm 和 2042～2074 nm 波段达到显著水平；华扁穗草集中于近红外波段，在 1036～1062 nm、2312～2350 nm、939～951 nm、1126～1129 nm、1268～1269 nm、1426～1475 nm 和 1967～2011 nm 波段达到 0.05 显著水平，其中在 1052～1054 nm 和 1431～1437 nm 波段达到极显著水平；菰集中于蓝光、红光、近红外和短波红外 1 波段，在 547～552 nm、563～575 nm、606～616 nm、718～721 nm、974～975 nm、977 nm、1495 nm、1510～1594 nm 和 1731～1750 nm 波段达到 0.05 显著水平，其中在 1545 nm、1547 nm、1551～1553 nm 波段达到 0.01 极显著水平；偏花报春集中于红光和近红外波段，在 713～1324 nm 波段达到 0.05 显著水平，其中在 720～743 nm 和 924～967 nm

波段达到 0.01 极显著水平；水蓼集中于近红外波段，在 926～936 nm 和 1086～1093 nm 波段达到 0.05 显著水平；鸭子草集中于绿光波段，在 510～516 nm 波段达到 0.05 显著水平。

从曲线形状上分析，原始光谱反射率一阶微分与鲜生物量的相关性曲线在正负之间波动起伏较大，在蓝光波段至绿峰附近均表现为波峰，红光波段均表现为波谷，近红外和短波红外波段均有多个波峰和多个波谷，表明原始光谱反射率一阶微分对鲜生物量的响应较为明显。

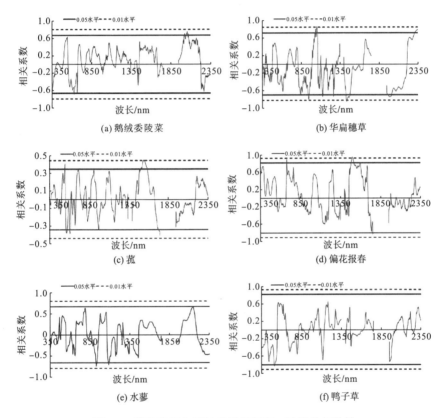

图 6-9　鲜生物量与原始光谱反射率一阶微分相关性

在 6 个植物种中，除华扁穗草，其他种与鲜生物量成正相关的波段数比原始光谱反射率有所增加。鹅绒委陵菜共 1169 个波段为正相关，华扁穗草为 583 个，菰为 867 个，偏花报春为 916 个，水蓼为 805 个，鸭子草为 895 个。

从显著性上看：鹅绒委陵菜在 2057 nm 正相关性最高，相关系数为 0.749，在 630 nm 负相关性最高，相关系数为-0.683；华扁穗草在 1053 nm 正相关性最高，相关系数为 0.854，在 1434 nm 负相关性最高，相关系数为-0.853；菰在 1553 nm 正相关性最高，相关系数为 0.446，在 1750 nm 负相关性最高，相关系数为-0.410；

偏花报春在 1497 nm 正相关性最高,相关系数为 0.946,在 1750 nm 负相关性最高,相关系数为-0.840;水蓼在 2146 nm 正相关性最高,相关系数为 0.653,在 929 nm 负相关性最高,相关系数为-0.741;鸭子草在 1053 nm 正相关性最高,相关系数为 0.645,在 513 nm 负相关性最高,相关系数为-0.834。

6.3.2　干生物量与原始光谱反射率一阶微分的相关性

从图 6-10 中可看出,对原始光谱反射率进行一阶微分后,各植物种均有一部分与干生物量相关性达到 0.05 显著水平的波段,与鲜生物量相同,华扁穗草、菰和偏花报春的部分波段达到 0.01 极显著水平。鹅绒委陵菜在 544~550 nm 和 669~670 nm 波段达到 0.05 显著水平;华扁穗草在 482~489 nm、564~577 nm、1099~1107 nm、1275~1276 nm、1401~1414 nm 和 1950 nm 波段达到 0.05 显著水平,其中在 486~487 nm 波段达到 0.01 极显著水平;菰在 506~548 nm、557~652 nm、690~715 nm、977~983 nm、1114~1118 nm、1742~1750 nm、2283~2288 nm 和 2291~2292 nm 波段达到 0.05 显著水平,其中在 513~531 nm、559~579 nm、602~610 nm 和 697~706 nm 波段达到 0.01 极显著水平;偏花报春在 678~680 nm、1483~1512 nm、1750 nm 波段达到 0.05 显著水平,其中在 1491~1500 nm 波段达到 0.01 极显著水平;水蓼集中于红光波段,在 605~612 nm、638~647 nm 和 663~668 nm 波段达到 0.05 显著水平;鸭子草集中于绿光波段,在 507~512 nm 波段达到 0.05 显著水平。从曲线形状和显著波段统计分析可知,达到显著的波段较为离散,显著波段连续性不强,表明原始光谱反射率一阶微分对干生物量的显著响应不明显。在 6 个植物种中,华扁穗草和水蓼的原始光谱反射率一阶微分与干生物量呈正相关的波段数比鲜生物量有所增加。鹅绒委陵菜共有 1124 个波段呈正相关,华扁穗草为 1134 个,菰为 856 个,偏花报春为 923 个,水蓼为 1017 个,鸭子草为 924 个。

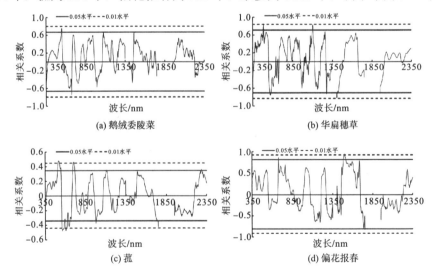

(a) 鹅绒委陵菜　　　　　　　　　　(b) 华扁穗草

(c) 菰　　　　　　　　　　　　　　(d) 偏花报春

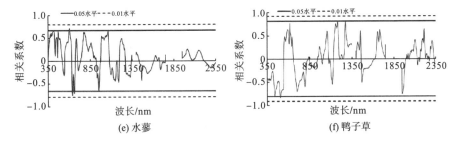

图 6-10 干生物量与光谱反射率一阶微分相关性

从显著性上看，鹅绒委陵菜、菰、偏花报春和水蓼最相关波段的相关系数比鲜生物量有所增加。鹅绒委陵菜在 548 nm 正相关性最高，相关系数为 0.751，在 670 nm 负相关性最高，相关系数为-0.752；华扁穗草在 487 nm 正相关性最高，相关系数为 0.845，在 1403 nm 负相关性最高，相关系数为-0.817；菰在 521 nm 正相关性最高，相关系数为 0.475，在 562 nm 负相关性最高，相关系数为-0.476；偏花报春在 1495 nm 正相关性最高，相关系数为 0.936，在 1750 nm 负相关性最高，相关系数为-0.826；水蓼在 609 nm 正相关性最高，相关系数为 0.712，在 641 nm 负相关性最高，相关系数为-0.756；鸭子草在 1183 nm 正相关性最高，相关系数为 0.809，在 509 nm 负相关性最高，相关系数为-0.832。

6.3.3 含水率与原始光谱反射率一阶微分的相关性

从图 6-11 中可看出，对原始光谱反射率进行一阶微分，各植物种原始光谱反射率一阶微分与含水率相关性达到显著水平的波段明显增加，均有部分波段达到 0.01 极显著水平。鹅绒委陵菜在 376～379 nm、551～556 nm、728～762 nm、921～950 nm、982～1058 nm、1116～1138 nm、1215～1232 nm、1287～1339 nm、1636～1649 nm 和 2145～2188 nm 波段达到 0.05 显著水平，其中在 936～947 nm、993 nm、1021～1051 nm、1122～1132 nm、1298～1325 nm 和 1641～1645 nm 波段达到 0.01 极显著水平；华扁穗草在 378 nm、442～479 nm、817～829 nm、841～882 nm、890～906 nm、911～951 nm、1024～1061 nm、1073～1095 nm、1117～1127 nm、1201～1209 nm、1400 nm、1676～1695 nm 和 1994～2145 nm 波段达到 0.05 显著水平，其中在 865～866 nm、924～942 nm、1028～1031 nm、1036～1059 nm、1082～1092 nm、1122～1125 nm、1683 nm 和 2003～2033 nm 波段达到 0.01 极显著水平；菰在 486～507 nm、551～556 nm、626～635 nm、678～686 nm、719～883 nm、947～971 nm、1064～1068 nm、1139～1178 nm、1205～1261 nm、1324～1335 nm、1350 nm、1541～1610 nm 波段达到 0.05 显著水平，在 722～745 nm 和 955～959 nm 波段达到 0.01 极显著水平；偏花报春集中于蓝光，在 350～387 nm 波段达到 0.05 显著水

平，在376 nm 达到0.01 极显著水平；水蓼的极显著波段集中于蓝光和红光波段，在363～487 nm、562～627 nm、638～647 nm 和1065～1071 nm 波段达到0.05 显著水平；其中在377～378 nm、382 nm、387～388 nm、390 nm、401～424 nm、475～480 nm、601～613 nm 和640～645 nm 波段达到0.01 极显著水平；鸭子草在547～550 nm 和1679～1686 nm 波段达到0.05 显著水平，在548～549 nm 波段达到0.01 极显著水平。从曲线形状和显著波段统计分析，除华扁穗草，其他5 种植物在可见光波段均有极显著波段，表明在植物色素敏感波段对含水率的响应明显，与生物量相比，对含水率响应的波段数量更多。在6 个植物种中，鹅绒委陵菜共有867 个波段为正相关，华扁穗草为586 个，菰为1029 个，偏花报春为1030 个，水蓼为728 个，鸭子草为987 个。

从显著性上看，偏花报春的鲜生物量、干生物量和含水率均在1750 nm 波长处负相关性最高；鹅绒委陵菜、华扁穗草、菰、水蓼和鸭子草最相关波段的相关系数比鲜生物量有所增加。鹅绒委陵菜在1042 nm 正相关性最高，相关系数为0.857，在1127 nm 负相关性最高，相关系数为-0.889；华扁穗草在1049 nm 正相关性最高，相关系数为0.935，在935 nm 负相关性最高，相关系数为-0.919；菰在731 nm 正相关性最高，相关系数为0.560，在957 nm 负相关性最高，相关系数为-0.451；偏花报春在376 nm 正相关性最高，相关系数为0.918，在1750 nm 负相关性最高，相关系数为-0.492；水蓼在642 nm 正相关性最高，相关系数为0.831，在411 nm 负相关性最高，相关系数为-0.883；鸭子草在548 nm 正相关性最高，相关系数为0.935，在1682 nm 负相关性最高，相关系数为-0.897。

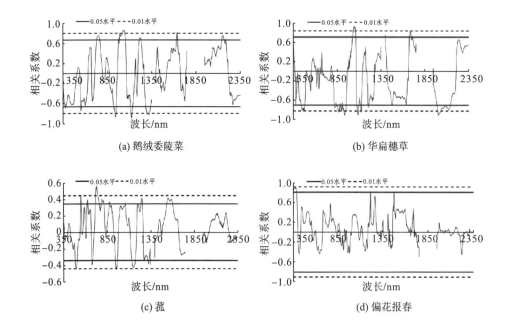

(a) 鹅绒委陵菜　　　　　　　　　　　(b) 华扁穗草

(c) 菰　　　　　　　　　　　　　　(d) 偏花报春

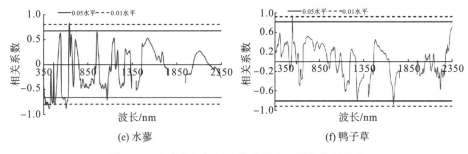

(e) 水蓼   (f) 鸭子草

图 6-11 含水率与原始光谱反射率一阶微分相关性

6.3.4 相对叶绿素指数与原始光谱反射率一阶微分的相关性

从图 6-12 中可看出,各植物种原始光谱反射率一阶微分相比原始光谱反射率,与 CCI 相关性达到显著水平的波段明显增加,均有部分波段达到显著水平,鹅绒委陵菜和鸭子草有部分波段达到 0.01 极显著水平。鹅绒委陵菜在 695~710 nm、1170~1173 nm、1419 nm、1441~1446 nm、1466~1477 nm、1508~1524 nm 和 1750 nm 波段达到 0.05 显著水平,其中在 1469~1473 nm 波段达到 0.01 极显著水平;华扁穗草在 390~393 nm、1065 nm 和 1271 nm 波段达到 0.05 显著水平;菰在 489~504 nm、631~636 nm、657~665 nm、677~686 nm 和 1451~1457 nm 波段达到 0.05 显著水平;偏花报春在 375~388 nm、1257~1260 nm 波段达到 0.05 显著水平;水蓼的极显著波段集中于蓝光和红光波段,在 637~639 nm、1464~1466 nm、361~403 nm 和 487~500 nm 波段达到 0.05 显著水平;鸭子草在 636~666 nm、1176~1178 nm、1445~1458 nm 和 2206~2213 nm 波段达到 0.05 显著水平,其中在 637~647 nm、662~665 nm、1451~1453 nm 波段达到 0.01 极显著水平。从曲线形状和显著波段统计分析,在蓝绿光波段各植物种均有波峰,红光波段均有波谷,与植物光谱反射率曲线形态相似,在近红外波段波峰和波谷较密集,表明在可见光波段对 CCI 响应明显;从显著波段上看,原始光谱反射率一阶微分与 CCI 显著相关的波段数量比生物量和含水率明显减少,更能凸显对植物色素的敏感波段。在 6 种植物中,鹅绒委陵菜共有 919 个波段为正相关,华扁穗草为 931 个,菰为 849 个,偏花报春为 1142 个,水蓼为 782 个,鸭子草为 754 个。

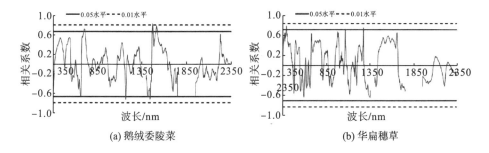

(a) 鹅绒委陵菜   (b) 华扁穗草

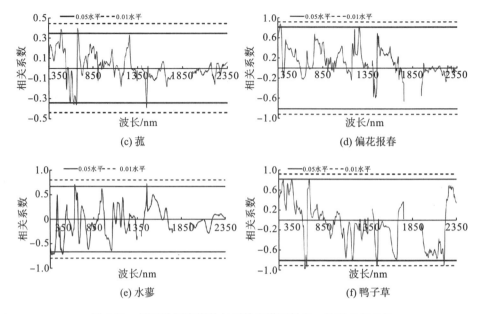

图 6-12   相对叶绿素指数与原始光谱反射率一阶微分相关性

从显著性上看，偏花报春的生物量、含水率和 CCI 均在 1750 nm 波长处负相关性最高，表明偏花报春在 1750 nm 的原始光谱反射率一阶微分对几种理化参数都有较强的敏感性；各植物种的正相关系数比含水率均有所减小。鹅绒委陵菜在 1471 nm 正相关性最高，相关系数为 0.828，在 1172 nm 负相关性最高，相关系数为-0.726；华扁穗草在 392 nm 正相关性最高，相关系数为 0.781，在 1349 nm 负相关性最高，相关系数为-0.643；菰在 681 nm 正相关性最高，相关系数为 0.393，在 1454 nm 负相关性最高，相关系数为-0.390；偏花报春在 381 nm 正相关性最高，相关系数为 0.874，在 1750 nm 负相关性最高，相关系数为-0.659；水蓼在 1465 nm 正相关性最高，相关系数为 0.722，在 374 nm 负相关性最高，相关系数为-0.724；鸭子草在 401 nm 正相关性最高，相关系数为 0.809，在 645 nm 负相关性最高，相关系数为-0.973。

6.3.5   磷与原始光谱反射率一阶微分的相关性

从图 6-13 中可看出，各植物种原始光谱反射率一阶微分相比原始光谱反射率，与磷的相关性达到显著水平的波段明显增加，均有部分波段达到 0.05 显著水平，华扁穗草、菰、偏花报春和鸭子草有部分波段达到 0.01 极显著水平。鹅绒委陵菜在 421～446 nm、689～694 nm、1123～1129 nm、1416～1422 nm、1465～1475 nm、1512～1517 nm 和 1750 nm 波段达到 0.05 显著水平；华扁穗草在 376～386 nm、436～452 nm、814～941 nm、1045～1049 nm、1070～1103 nm、1168～1173 nm、1210～

1256 nm、1400~1403 nm、1575~1649 nm、1680~1718 nm 和 2109~2138 nm 波段达到 0.05 显著水平,其中在 818 nm、861~866 nm、927~934 nm、1072~1094 nm、1170~1171 nm 和 1400 nm 波段达到 0.01 极显著水平;菰集中于红光—近红外波段,在 718~903 nm、945~971 nm、999~1071 nm、1132~1186 nm、1209~1266 nm、1279~1289 nm、1320~1339 nm 和 1591~1614 nm 波段达到 0.05 显著水平,其中在 721~881 nm、949~964 nm、1054~1068 nm、1141~1179 nm、1245~1265 nm 波段达到 0.01 极显著水平;偏花报春在 553~565 nm、711~757 nm、881~942 nm、1075~1096 nm、1155~1175 nm、1281~1309 nm 和 1674~1677 nm 波段达到 0.05 显著水平,其中在 909~916 nm 波段达到 0.01 极显著水平;水蓼在 423~471 nm 和 1065~1067 nm 波段达到 0.05 显著水平;鸭子草在 418~424 nm、618~621 nm、669 nm、958~986 nm、1065~1081 nm、1190~1272 nm、1579 nm、1590~1649 nm、2065~2066 nm、2095~2202 nm 和 2228~2234 nm 波段达到 0.05 显著水平,其中在 965~972 nm、1069~1073 nm、1192~1197 nm、1262~1271 nm、2188~2189 nm 和 2190~2197 nm 波段达到 0.01 极显著水平。从曲线形状和显著波段统计分析,显著波段在近红外和短波红外 1 波段较为集中,表明近红外和短波红外 1 波段对磷较敏感;从显著波段上看,原始光谱反射率一阶微分与磷显著相关的波段数量比生物量和 CCI 明显增加,适量的磷对植物生长有促进作用,表明磷对植物叶片结构有一定影响,在短波红外波段,水汽吸收部分也有部分敏感波段,表明磷对植物水分吸收也有一定影响。在 6 个植物种中,鹅绒委陵菜共有 808 个波段为正相关,华扁穗草为 601 个,菰为 1121 个,偏花报春为 905 个,水蓼为 720 个,鸭子草为 506 个。

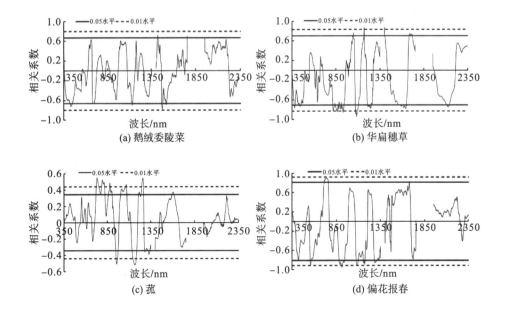

(a) 鹅绒委陵菜　　　　　　　(b) 华扁穗草

(c) 菰　　　　　　　(d) 偏花报春

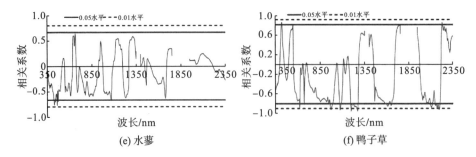

图 6-13　磷与原始光谱反射率一阶微分相关性

从显著性上看，偏花报春的生物量、含水率和 CCI 均在 1750 nm 波长处负相关性最高，表明偏花报春在 1750 nm 的原始光谱反射率一阶微分对几种理化参数都有较强的敏感性；各植物种的正相关系数比含水率均有所减小。鹅绒委陵菜在 1419 nm 正相关性最高，相关系数为 0.718，在 1470 nm 负相关性最高，相关系数为-0.777；华扁穗草在 1170 nm 正相关性最高，相关系数为 0.870，在 1085 nm 负相关性最高，相关系数为-0.948；菰在 731 nm 正相关性最高，相关系数为 0.549，在 1168 nm 负相关性最高，相关系数为-0.518；偏花报春在 741 nm 正相关性最高，相关系数为 0.893，在 912 nm 负相关性最高，相关系数为-0.954；水蓼在 664 nm 正相关性最高，相关系数为 0.635，在 460 nm 负相关性最高，相关系数为-0.773；鸭子草在 422 nm 正相关性最高，相关系数为 0.858，在 1268 nm 负相关性最高，相关系数为-0.967。

6.3.6　氮与原始光谱反射率一阶微分的相关性

从图 6-14 中可看出，各植物种原始光谱反射率一阶微分相比原始光谱反射率，与氮的相关性均有部分波段达到 0.05 显著水平，水蓼和鸭子草有部分波段达到 0.01 极显著水平。鹅绒委陵菜仅在 1061 nm 达到 0.05 显著水平；华扁穗草在 1063～1064 nm 波段达到 0.05 显著水平；菰集中于红光—近红外波段，在 724～739 nm、791～814 nm、875～914 nm、952～975 nm、1152～1173 nm 和 1203～1204 nm 波段达到 0.05 显著水平；偏花报春在 372～394 nm、678～679 nm、1473 nm、1491～1512 nm 和 1750 nm 波段达到 0.05 显著水平；水蓼在 388 nm、468～473 nm、486～504 nm、636～638 nm 和 1056～1063 nm 波段达到 0.05 显著水平，其中在 469～470 nm、495～496 nm 波段达到 0.01 极显著水平；鸭子草在 546～549 nm 和 1679～1682 nm 波段达到 0.05 显著水平，其中在 547～548 nm 波段达到 0.01 极显著水平。从曲线形状和显著波段统计分析，显著波段连续性不强，均出现在可见光、近红外和短波红外 1 波段，表明短波红外 2 波段对氮不敏感；从显著波段上看，反射率一阶微分与氮的显著相关波段数量比磷明显减少。在 6 个植物种中，鹅绒委陵菜共有 952 个波段为正相关，华扁穗草为 723 个，菰为 1040 个，偏花报春为 1165 个，水蓼为 761 个，鸭子草为 677 个。

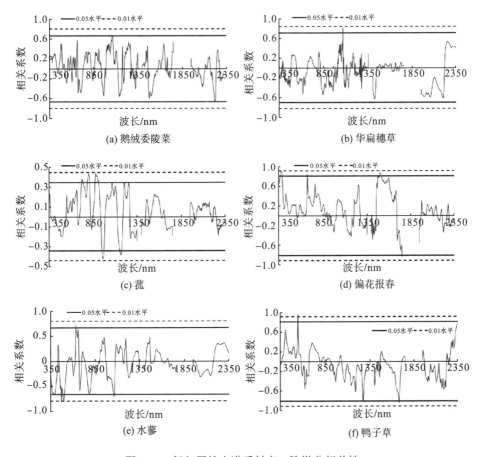

图 6-14　氮与原始光谱反射率一阶微分相关性

从显著性上看，偏花报春在生物量、含水率、CCI 和氮均为 1750 nm 波段处负相关性最高，表明偏花报春在 1750 nm 的反射率一阶微分对 4 个理化参数都有较强的敏感性；鹅绒委陵菜在 1061 nm 正相关性最高，相关系数为 0.668，在 2216 nm 负相关性最高，相关系数为-0.651；华扁穗草在 1063 nm 正相关性最高，相关系数为 0.807，1416 nm 负相关性最高，相关系数为-0.642；菰在 883 nm 正相关性最高，相关系数为 0.434，在 962 nm 负相关性最高，相关系数为-0.423；偏花报春在 384 nm 正相关性最高，相关系数为 0.902，在 1750 nm 负相关性最高，相关系数为-0.836；水蓼在 637 nm 正相关性最高，相关系数为 0.721，在 470 nm 负相关性最高，相关系数为-0.829；鸭子草在 548 nm 正相关性最高，相关系数为 0.963，在 1680 nm 负相关性最高，相关系数为-0.840。

6.3.7　钾与原始光谱反射率一阶微分的相关性

从图 6-15 中可看出，除水蓼，其他 5 个植物种原始光谱反射率一阶微分与钾的相关性均有部分波段达到 0.05 显著水平，鹅绒委陵菜、华扁穗草、偏花报春和鸭子草有部分波段达到 0.01 极显著水平；水蓼的原始光谱反射率与钾没有相关波段，原始光谱反射率一阶微分也没有与钾相关的波段，说明水蓼的原始光谱反射率对钾的响应不明显。鹅绒委陵菜在可见光、近红外和短波红外三个部分均有显著波段，在 354～388 nm、425～475 nm、679～683 nm、730～770 nm、941～943 nm、1021～1033 nm、1037～1060 nm、1121～1140 nm、1297～1329 nm、1415～1420 nm、1639～1643 nm、2151～2162 nm 和 2231～2233 nm 波段达到 0.05 显著水平，其中在 359～371 nm、376～379 nm、437～466 nm 和 1127～1131 nm 波段达到 0.01 极显著水平；华扁穗草集中于短波红外 2 波段，在 2205～2215 nm 波段达到 0.05 显著水平，其中在 2209～2212 nm 波段达到 0.01 极显著水平；菰集中于短波红外 2 波段，在 2207～2218 nm 波段达到 0.05 显著水平；偏花报春在 350～391 nm 和 1470～1473 nm 波段达到 0.05 显著水平，其中在 362～384 nm、1471～1473 nm 波段达到 0.01 极显著水平；鸭子草在 460～467 nm、713～722 nm、786～804 nm、1158～1165 nm、1350 nm、1424～1426 nm、1465～1473 nm 波段达到 0.05 显著水平。从曲线形状和显著波段统计分析，显著波段连续性不强，在近红外波段出现起伏较大的波峰和波谷，表明钾对近红外波段代表的高反射率影响显著；鹅绒委陵菜在可见光、近红外和短波红外均有显著波段，表明钾对鹅绒委陵菜各波段对应的植物生理意义有一定影响；在各植物种中，鹅绒委陵菜共有 751 个波段为正相关，华扁穗草为 816 个，菰为 710 个，偏花报春为 1046 个，水蓼为 869 个，鸭子草为 542 个。

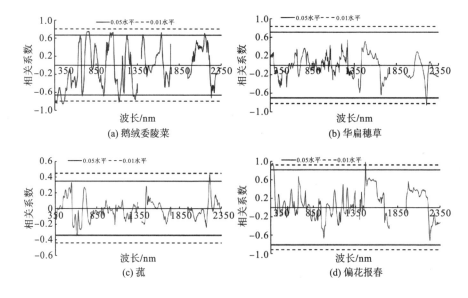

(a) 鹅绒委陵菜　　　　　　　　　　(b) 华扁穗草

(c) 菰　　　　　　　　　　　　(d) 偏花报春

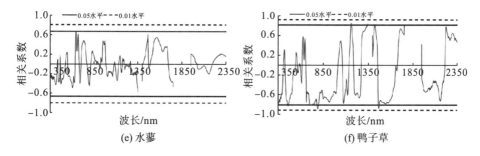

图 6-15　钾与原始光谱反射率一阶微分相关性

从显著性上看，鸭子草的原始光谱反射率一阶微分与氮、磷、钾的相关性均大于 0.8，而鸭子草为漂浮植物，表明水中的氮、磷、钾对鸭子草所含的氮、磷、钾有一定影响；水蓼均在红光波段对氮、磷、钾呈现最高正相关，红光波段表现为对叶绿素吸收，表明氮、磷、钾对水蓼红光波段产生一定影响。鹅绒委陵菜在 765 nm 波长处正相关性最高，相关系数为 0.746，450 nm 负相关性最高，相关系数为-0.861；华扁穗草在 1271 nm 正相关性最高，相关系数为 0.540，在 2211 nm 负相关性最高，相关系数为-0.859；菰在 2212 nm 正相关性最高，相关系数为 0.438，在 614 nm 负相关性最高，相关系数为-0.338；偏花报春在 1472 nm 正相关性最高，相关系数为 0.975，在 2231 nm 波长处负相关性最高，相关系数为-0.711；水蓼在 642 nm 正相关性最高，相关系数为 0.656，在 1350 nm 负相关性最高，相关系数为-0.573；鸭子草在 1161 nm 正相关性最高，相关系数为 0.844，在 793 nm 负相关性最高，相关系数为-0.892。

6.3.8　钠与原始光谱反射率一阶微分的相关性

从图 6-16 中可看出，各植物种原始光谱反射率一阶微分与钠的相关性均有部分波段达到 0.05 显著水平，华扁穗草、菰、偏花报春和水蓼有部分波段达到 0.01 极显著水平，表明对原始光谱进行一阶微分后能凸显对钠相关的波段。鹅绒委陵菜集中于短波红外 1 波段的末端，在 1687～1698 nm 和 1732～1734 nm 波段达到 0.05 显著水平；华扁穗草集中于近红外和短波红外波段，在 1064～1073 nm、1646～1661 nm、1400 nm 和 1950 nm 波段达到 0.05 显著水平；菰集中于短波红外 2 波段，在 365～375 nm、543～553 nm、563～579 nm、605～616 nm、700～721 nm、828～848 nm、902～937 nm、965～995 nm、1088～1122 nm、1229～1235 nm、1337～1349 nm、1484～1552 nm 波段达到 0.05 显著水平，其中在 547～551 nm、912～915 nm、970～987 nm、1101～1111 nm 和 1346～1349 nm 波段达到 0.01 极显著水平；偏花报春在 395～403 nm 波段达到 0.05 显著水平；水蓼在 418～449 nm 和 551～611 nm 波段达到 0.05 显著水平，其中在 423～443 nm 波段达到 0.01 极显著水平；鸭子草仅在 1137 nm 达到 0.05 显著水平。从曲线形状和显著波段统计分析，显著波段连续性不强；菰的显著正相关的波段均出现在几个高度近似的波峰和波谷，并且波峰波谷之间起伏较大，表明这些波段对钠的敏感性相似，菰对钠的敏感波段比钾明显增加，表明钠对菰的原始光谱反射率一阶微分值影响显著；各植物种中，鹅绒委陵菜共有 965 个波段为正相关，华扁穗草为 1010 个，菰为 841 个，偏花报春为 682 个，水蓼为 1049 个，鸭子草为 923 个，波段数量与钾相比，除偏花报春明显减少，其他 5 种植物正相关波段均明显增加。

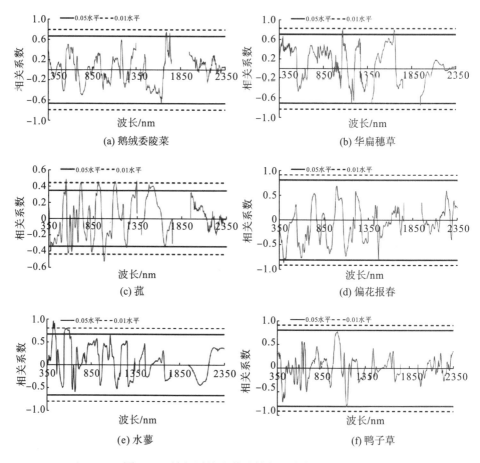

图 6-16 钠与原始光谱反射率一阶微分相关性

从显著性上看，鸭子草的原始光谱反射率一阶微分与研究的 8 个理化参数的负相关最高的波段相关性均小于-0.8，表明鸭子草对这些理化参数较为敏感，可以根据此特征对其生长的水环境进行分析；鹅绒委陵菜在 1695 nm 波段处正相关性最高，相关系数为 0.749，在 1637 nm 负相关性最高，相关系数为-0.662；华扁穗草在 1070 nm 正相关性最高，相关系数为 0.813，在 1950 nm 负相关性最高，相关系数为-0.740；菰在 550 nm 正相关性最高，相关系数为 0.482，在 977 nm 负相关性最高，相关系数为-0.527；偏花报春在 996 nm 正相关性最高，相关系数为 0.693，在 399 nm 负相关性最高，相关系数为-0.875；水蓼在 428 nm 正相关性最高，相关系数为 0.947，在 671 nm 负相关性最高，相关系数为-0.592；鸭子草在 1033 nm 正相关性最高，相关系数为 0.775，在 1137 nm 负相关性最高，相关系数为-0.813。

通过比较原始光谱反射率及其一阶微分与理化参数的相关性发现，对原始光谱反射率进行一阶微分后可筛选出与某种参数敏感的波段，说明原始光谱反射率一阶微分能够放大光谱局部差异特征。从相关系数曲线上看，原始光谱反射率体现了该物种对某一参数敏感程度的总体特征，导数光谱能在细小局部体现特征，有利于通过高光谱反演植物理化参数。

6.4　"三边"参数与理化参数的相关性

本章选取 13 个"三边"参数为单一变量，7 个为变量的比值组合或归一化组合，这些光谱变量较单波段对绿色植物更具有灵敏性。将"三边"参数与理化参数结合有助于选择最优参数构建理化参数反演模型。

分析图 6-17 中的显著性可以看出以下六点。①鹅绒委陵菜共有 9 个变量与理化参数达到 0.05 显著水平，其中 Ro 和钾的相关性达到 0.01 极显著水平，相关系数为-0.814；在所有理化参数中，与钾的相关性达到 0.05 显著水平的共有 6 个变量，分别为 λ_r、Ro、R_g/Ro、$(R_g-Ro)/(R_g+Ro)$、SD_r/SD_b 和 $(SD_b-SD_y)/(SD_b+SD_y)$，含水率、氮和鲜生物量各 1 个。②华扁穗草共有 4 个变量与理化参数达到 0.05 显著水平，其中 λ_b 与 CCI 的相关性达到 0.01 极显著水平，相关系数为 0.948；与干生物量的相关性达到显著水平的共有 2 个变量，分别为 D_y 和 SD_y，含水率和 CCI 各 1 个。③菰共有 15 个变量与理化参数达到 0.05 显著水平，其中 9 个变量达到 0.01 极显著水平，SD_r/SD_b 和鲜生物量相关性最高，相关系数为-0.522；与干生物量的相关性达到 0.05 显著水平的共有 11 个变量，含水率 6 个、钠 5 个、鲜生物量 4 个、磷 3 个、氮和 CCI 各 1 个。④偏花报春共有 2 个变量达到 0.05 显著水平，没有达到 0.01 极显著水平，相关性最高为 λ_g 和磷，相关系数为-0.902，其次为 SD_r 和磷，相关系数为 0.819。⑤水蓼共有 9 个变量与理化参数达到 0.05 显著水平，其中 5 个变量达到 0.01 极显著水平，SD_r/SD_y 与钠的相关性最高，相关系数为 0.866；与含水率和钠的相关性达到 0.05 显著水平的有 7 个变量，磷、钾、CCI 和干生物量各 1 个。⑥鸭子草共有 4 个变量与理化参数达到 0.05 显著水平，没有达到 0.01 极显著水平，相关性最高为 R_g 与磷的相关性，相关系数为 0.891；与钾的相关性达到 0.05 显著水平的共有 2 个变量，磷、鲜生物量和干生物量各有 1 个。

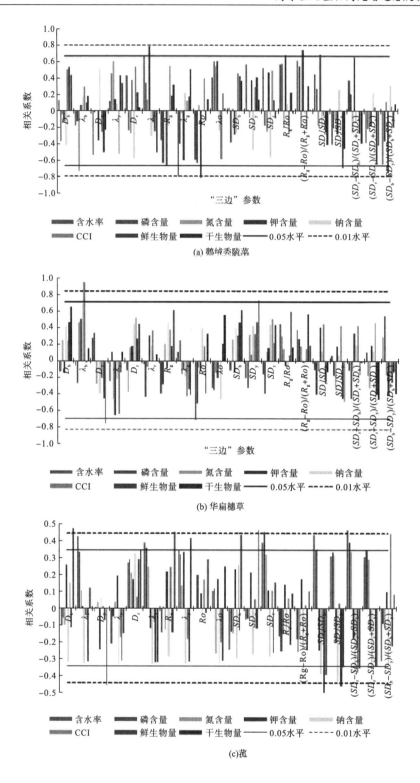

(a) 鹅绒委陵菜

(b) 华扁穗草

(c)莎

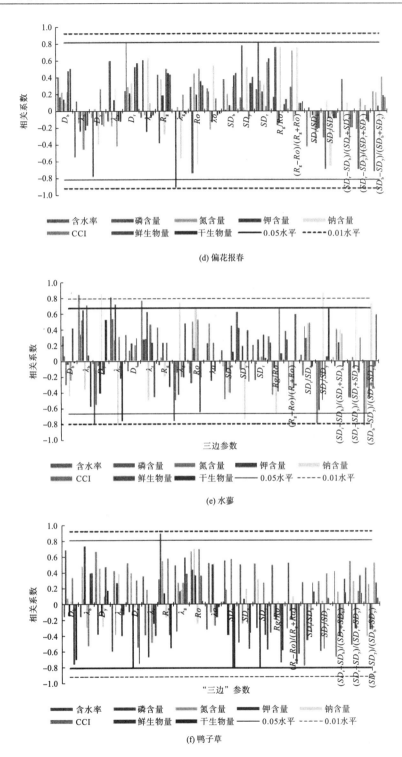

图 6-17　"三边"参数与理化参数相关性

选取的 20 个"三边"参数反映了植被可见光波段的光谱特征，从各植物种达到 0.05 显著水平的变量来看，均有两个或两个以上的变量与同一种理化参数相关性达到 0.05 显著水平，表明植物独有的"三边"参数光谱特征变量对理化参数敏感性高。

6.5 小波系数与理化参数的相关性

对所有光谱曲线在 8 个尺度变换后得到各波长在不同尺度对应的小波系数，将小波系数与理化参数进行相关分析。通过分析选择相关性较强的小波系数对应的波长位置及变换尺度，结合低频信息的全局特征和高频信息的细节特征，有助于捕捉对各理化参数敏感的信息，从而对反演理化参数达到较满意的精度。

对光谱连续小波变换进行分析可知，分解尺度越大，光谱信息损失得就越多，中等尺度分解的光谱保留的信息较完整，且每个尺度均得到与原始光谱波段数一致的小波系数，但小波系数无量纲，不能表现光谱特征，因此需要与理化参数结合起来，选择对理化参数敏感的小波系数和分解尺度。

6.5.1 小波系数与鲜生物量的相关性

从图 6-18 中可看出，偏花报春分解尺度大的小波系数与鲜生物量的相关性仍然较高，没有因为变换后光谱信息的损失而降低相关性。鹅绒委陵菜相关性较高的部分集中在短波红外 2 波段，分解尺度为 4～8；华扁穗草和菰的小波系数与鲜生物量相关性一般，少部分负相关性较强；偏花报春的小波系数与鲜生物量相关性极显著部分较多，主要集中在近红外波段，1～8 尺度均有相关性强的小波系数；水蓼主要分布在蓝光、近红外和短波红外 2 波段，集中在 3～5 尺度；鸭子草集中于蓝光和绿光波段，分解尺度为 1～6。

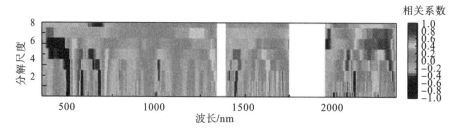

(a) 鹅绒委陵菜

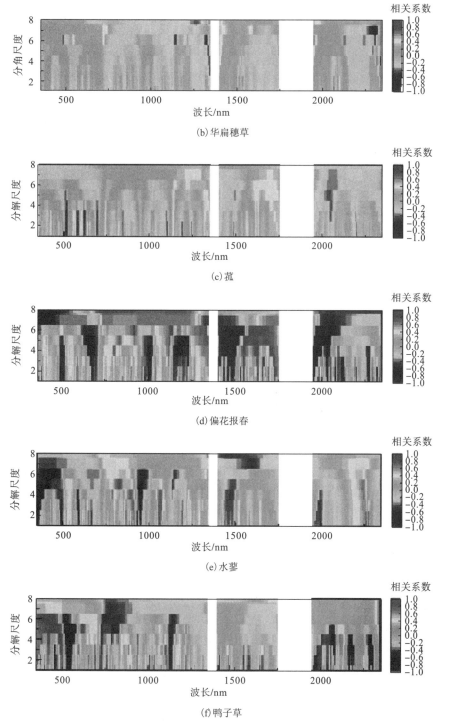

(b) 华扁穗草

(c) 菰

(d) 偏花报春

(e) 水蓼

(f) 鸭子草

图 6-18　鲜生物量与小波系数的相关性

统计各植物种不同尺度的小波系数和鲜生物量的相关系数，用(Wx, Sy)表示，Wx 为波长（wavelength），Sy 为尺度（scale）：鹅绒委陵菜共 51 个小波系数达到 0.01 极显著水平，1 尺度 5 个、6 尺度 46 个，相关性最高为$(W2077, S1)$，相关系数为 0.890；华扁穗草共 7 个小波系数达到 0.05 显著水平，1、2、3、5 尺度各 1 个，4 尺度 3 个，相关性最高为$(W2347, S3)$，相关系数为-0.759；菰共 232 个小波系数达到 0.01 极显著水平，1 尺度 79 个、2 尺度 78 个、3 尺度 45 个、4 尺度 16 个、5 尺度 14 个，相关性最高为$(W613, S2)$，相关系数为-0.571；偏花报春共 120 个小波系数达到 0.01 极显著水平，1 尺度 11 个、2 尺度 11 个、3 尺度 19 个、4 尺度 25 个、6 尺度 54 个，相关性最高为$(W1592, S6)$，相关系数为 0.992；水蓼共 2 个小波系数达到 0.01 极显著水平，1 尺度和 2 尺度各 1 个，191 个小波系数达到 0.05 显著水平，1 尺度 30 个、2 尺度 26 个、3 尺度 30 个、4 尺度 40 个、5 尺度 65 个，相关性最高为$(W656, S2)$，相关系数为 0.859。鸭子草共 11 个小波系数达到 0.01 极显著水平，3 尺度和 4 尺度各 1 个，5 尺度 9 个，216 个小波系数达到 0.05 显著水平，1 尺度 8 个、2 尺度 12 个、3 尺度 12 个、4 尺度 18 个、5 尺度 98 个、6 尺度 68 个，相关性最高为$(W518, S5)$，相关系数为-0.991。

经过连续小波变换后的光谱，得到的小波系数与鲜生物量间的相关性比原始光谱反射率及其一阶微分明显增加，部分相关系数接近 1 或-1，达到 0.01 极显著水平的波段数量也明显增加。从分解尺度看，除鸭子草外，其他植物种随分解尺度的增加，相关性高的小波系数数目也在增加，说明高尺度变换的光谱对应的低频信息对鲜生物量的敏感性没有减弱。

6.5.2   小波系数与干生物量的相关性

从图 6-19 中看出，华扁穗草的小波系数和干生物量的相关性两极分化明显，负相关值和正相关值几乎各占一半，华扁穗草、偏花报春和鸭子草相关性达到 0.6 以上的小波系数较多，鹅绒委陵菜、菰和水蓼较少。

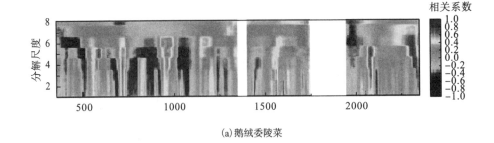

(a) 鹅绒委陵菜

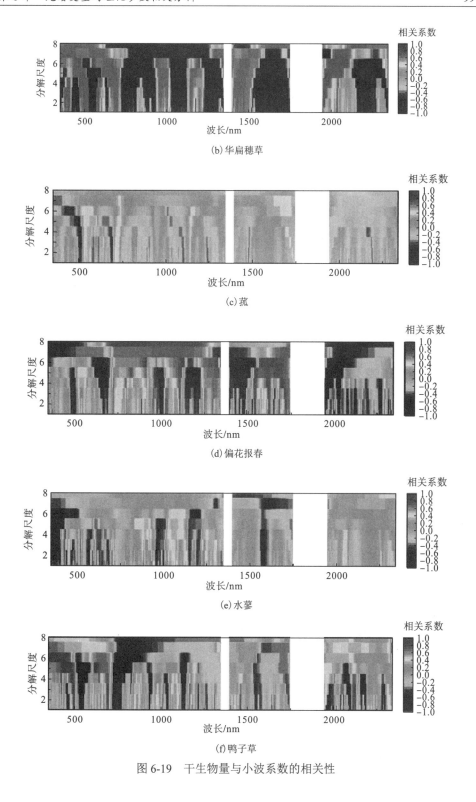

图 6-19　干生物量与小波系数的相关性

鹅绒委陵菜在 1 尺度上共 4 个小波系数达到 0.01 极显著水平，368 个小波系数达到 0.05 显著水平，1 尺度 148 个、2 尺度 35 个、3 尺度 25 个、4 尺度 32 个、5 尺度 61 个、6 尺度 32 个、8 尺度 35 个，相关性最高为(W1643，S1)，相关系数为 0.887；华扁穗草在 6 尺度上共 4 个小波系数达到 0.05 显著水平，1471 个小波系数达到 0.05 显著水平，1 尺度 148 个、2 尺度 170 个，3 尺度 176 个、4 尺度 169个、5 尺度 181 个、6 尺度 246 个、7 尺度 251 个、8 尺度 130 个，相关性最高为(W491，S6)，相关系数为-0.846；菰共 329 个小波系数达到 0.01 极显著水平，1尺度 55 个、2 尺度 57 个、3 尺度 67 个、4 尺度 53 个、5 尺度 74 个、6 尺度 23个，相关性最高为(W613，S2)，相关系数为-0.557；偏花报春共 151 个小波系数达到 0.01 极显著水平，1 尺度 25 个、2 尺度 26 个、3 尺度 29 个、4 尺度 21 个、6 尺度 46 个、7 尺度 4 个，相关性最高为(W1489，S3)，相关系数为 0.983；水蓼共 102 个小波系数达到 0.01 极显著水平，1 尺度 8 个、2 尺度 5 个、3 尺度 10 个、4 尺度 18 个、5 尺度 61 个，相关性最高为(W657，S1)，相关系数为 0.866；鸭子草共 16 个小波系数达到 0.01 极显著水平，1 尺度和 2 尺度各 5 个、3 尺度 2 个、4 尺度 4 个，相关性最高为(W2082，S3)，相关系数为-0.952。

从统计的相关系数中看出，小波系数与干生物量之间的相关性和鲜生物量较为接近，尤其是菰的小波系数对鲜生物量和干生物量的敏感波段一致，均为 613 nm，相关系数也接近；其他 5 个植物种虽然相关系数较接近，但敏感波段不同，说明干生物量和鲜生物量之间的水分差异影响了响应波段。

6.5.3 小波系数与含水率的相关性

从图 6-20 中可看出，各植物种的小波系数对含水率的响应差异明显，尤其在近红外波段表现明显，原始光谱近红外波段的 3 个波峰和 3 个波谷对应的小波系数对含水率响应不同，水蓼在波峰处的小波系数与含水率呈负相关，波谷处的小波系数与含水率呈正相关，其他 5 个植物种与水蓼相反。

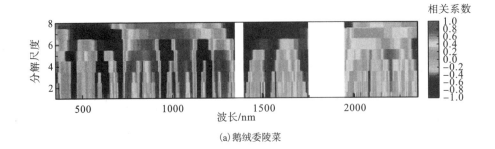

(a) 鹅绒委陵菜

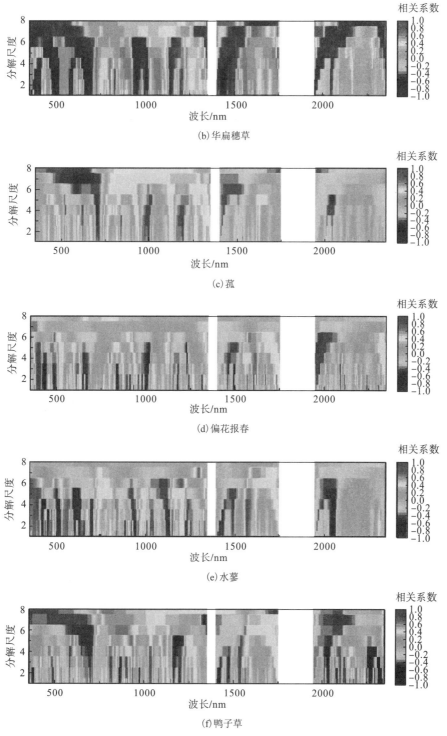

图 6-20　含水率与小波系数的相关性

鹅绒委陵菜共 961 个小波系数达到 0.01 极显著水平，1 尺度 57 个、2 尺度 70 个、3 尺度 92 个、4 尺度 110 个、5 尺度 139 个、6 尺度 114 个、7 尺度 92 个、8 尺度 287 个，相关性最高为(W911，S2)，相关系数为 0.968；华扁穗草共 26 个小波系数达到 0.01 极显著水平，3 尺度和 6 尺度各 1 个、4 尺度 2 个、5 尺度 3 个、8 尺度 19 个，相关性最高为(W1403，S8)，相关系数为 0.878；菰共 1472 个小波系数达到 0.01 极显著水平，1 尺度 66 个、2 尺度 75 个、3 尺度 97 个、4 尺度 109 个、5 尺度 200 个、6 尺度 154 个、7 尺度 429 个、8 尺度 342 个，相关性最高为 (W705，S4)，相关系数为-0.593；偏花报春共 25 个小波系数达到 0.01 极显著水平，1 尺度 6 个、2 尺度 9 个、3 尺度 10 个，相关性最高为(W406，S1)，相关系数为 0.951；水蓼共 226 个小波系数达到 0.01 极显著水平，1 尺度 51 个、2 尺度 44 个、3 尺度 42 个、4 尺度 62 个、5 尺度 27 个，相关性最高为(W630，S3)，相关系数为-0.925；鸭子草共 9 个小波系数达到 0.01 极显著水平，1 尺度 3 个、2 尺度 2 个、4 尺度 4 个，共 84 个小波系数达到 0.05 显著水平，1 尺度 20 个、2 尺度 23 个、3 尺度 21 个、4 尺度 20 个，相关性最高为(W580，S4)，相关系数为 0.964。

从统计的相关系数中看出，鸭子草的小波系数与含水率之间的相关性达到 0.01 极显著水平的数目较少，鸭子草为漂浮植物，植物本身含水量较高，说明水分对鸭子草原始光谱反射率有一定影响，从鲜生物量、干生物量和含水率来看，鸭子草达 0.01 极显著水平的小波系数均较少。

6.5.4　小波系数与相对叶绿素指数的相关性

一般来说，对叶绿素响应明显的波段为可见光波段。从图 6-21 中可看出，除华扁穗草外，其他 5 个植物种在可见光波段的小波系数对 CCI 有明显的响应，在 700 nm 附近，分解尺度为 1~5，小波系数与 CCI 的相关性均为负值，550 nm 处为正相关。

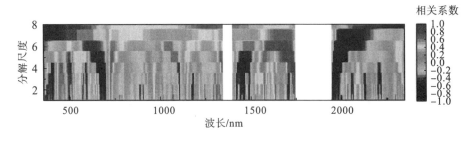

(a) 鹅绒委陵菜

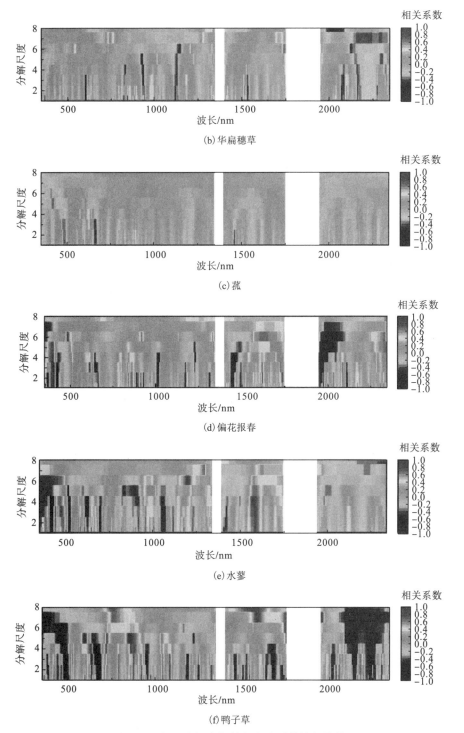

(b) 华扁穗草

(c) 菰

(d) 偏花报春

(e) 水蓼

(f) 鸭子草

图 6-21　相对叶绿素指数与小波系数的相关性

鹅绒委陵菜共 198 个小波系数达到 0.01 极显著水平，1 尺度 7 个、2 尺度 7 个、3 尺度 9 个、4 尺度 22 个、5 尺度 33 个、6 尺度 120 个，相关性最高为(W1988，S4)，相关系数为-0.923；华扁穗草没有小波系数达到 0.01 极显著水平和 0.05 显著水平；菰共 12 个小波系数达到 0.01 极显著水平，1 尺度 7 个、2 尺度 5 个，共 167 个小波系数达到 0.05 显著水平，1 尺度 52 个、2 尺度 49 个、3 尺度 37 个、4 尺度 17 个、5 尺度 12 个，相关性最高为(W672，S1)，相关系数为-0.459；偏花报春共 16 个小波系数达到 0.05 显著水平，其中 1 个达到 0.01 极显著水平，1 尺度 7 个、2 尺度 6 个、3 尺度 1 个、4 尺度 2 个，相关性最高为(W1621，S2)，相关系数为 0.935；水蓼共 275 个小波系数达到 0.01 极显著水平，1 尺度 10 个、2 尺度 14 个、3 尺度 32 个、4 尺度 64 个、5 尺度 73 个、6 尺度 82 个，相关性最高为(W351，S4)，相关系数为 0.962；鸭子草共 78 个小波系数达到 0.01 极显著水平，1 尺度 7 个、2 尺度 6 个、3 尺度 6 个、4 尺度 3 个、6 尺度 16 个、7 尺度 26 个、8 尺度 14 个，相关性最高为(W2117，S6)和(W2117，S8)，相关系数均为-0.979。

从统计的相关系数中看出，华扁穗草的小波系数与 CCI 之间的相关性没有达到显著水平，说明华扁穗草的光谱经过小波变换后各波段对 CCI 没有响应，原始光谱反射率也没有达到显著水平，反射率一阶微分仅 5 个波段的值达到显著水平，说明华扁穗草光谱对 CCI 响应不明显。

6.5.5　小波系数与磷的相关性

从图 6-22 中可看出，华扁穗草、偏花报春和鸭子草对磷的敏感性较强，华扁穗草和偏花报春在近红外波段表现明显，3 个波峰的小波系数与磷为正相关、

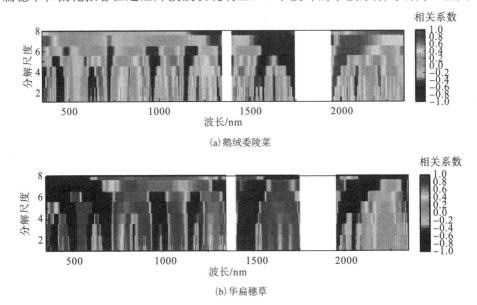

(a) 鹅绒委陵菜

(b) 华扁穗草

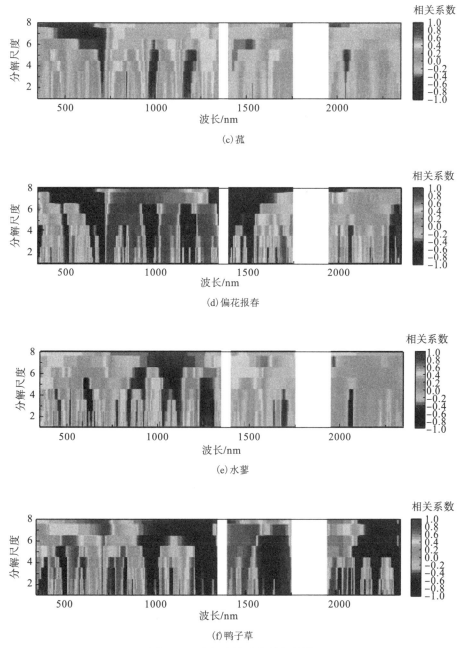

(c) 菰

(d) 偏花报春

(e) 水蓼

(f) 鸭子草

图 6-22   磷与小波系数的相关性

2 个波谷为负相关，1600～1750 nm 的短波红外 1 波段波峰部分也为正相关，
1400～1600 nm 的波谷也为负相关，菰在近红外波段的表现也相似，但能看出在
正相关的部分随分解尺度的增加，小波系数与磷的相关性亦随之增加。

鹅绒委陵菜共 756 个小波系数达到 0.01 极显著水平，1 尺度 11 个、2 尺度 12 个、3 尺度 16 个、4 尺度 54 个、5 尺度 84 个、6 尺度 167 个、7 尺度 225 个、8 尺度 187 个，相关性最高为(W1941，S2)，相关系数为 0.921；华扁穗草共 950 个小波系数达到 0.01 极显著水平，1 尺度 84 个、2 尺度 99 个、3 尺度 116 个、4 尺度 83 个、5 尺度 55 个、6 尺度 68 个、7 尺度 200 个、8 尺度 245 个，相关性最高为(W1339，S6)，相关系数为-0.938；菰共 2497 个小波系数达到 0.01 极显著水平，1 尺度 103 个、2 尺度 126 个、3 尺度 159 个、4 尺度 176 个、5 尺度 234 个、6 尺度 250 个、7 尺度 717 个、8 尺度 732 个，相关性最高为(W1192，S1)，相关系数为-0.596；偏花报春共 75 个小波系数达到 0.05 显著水平，其中 1 个达到极显著水平，1 尺度 12 个、2 尺度 15 个、3 尺度 25 个、4 尺度 23 个，相关性最高为(W1667，S2)，相关系数为-0.969；水蓼共 68 个小波系数达到 0.05 显著水平，其中 1 个达到 0.01 极显著水平，1 尺度 21 个、2 尺度 16 个、3 尺度 24 个、5 尺度 7 个，相关性最高为(W2060，S1)，相关系数为-0.795；鸭子草共 158 个小波系数达到 0.01 极显著水平，1 尺度 56 个、2 尺度 41 个、3 尺度 22 个、5 尺度 12 个、6 尺度 3 个、8 尺度 24 个，相关性最高为(W2206，S1)，相关系数为-0.983。

从统计中看出，鹅绒委陵菜、华扁穗草、菰和偏花报春总体趋势均为：随分解尺度的增加，小波系数数目亦随之增加，鹅绒委陵菜、华扁穗草和菰在第 8 尺度仍有较多达到极显著水平的小波系数，说明这 3 个植物种的低频信息对磷的敏感性较强。

6.5.6　小波系数与氮的相关性

从图 6-23 中看出，华扁穗草对氮的敏感性较强的部分集中在 2150～2300 nm 波段，鹅绒委陵菜、华扁穗草、菰、偏花报春和鸭子草的小波系数与氮的相关性达到 0.01 极显著水平的数目比磷明显减少。

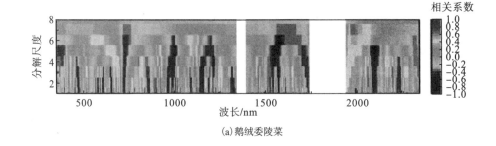

(a) 鹅绒委陵菜

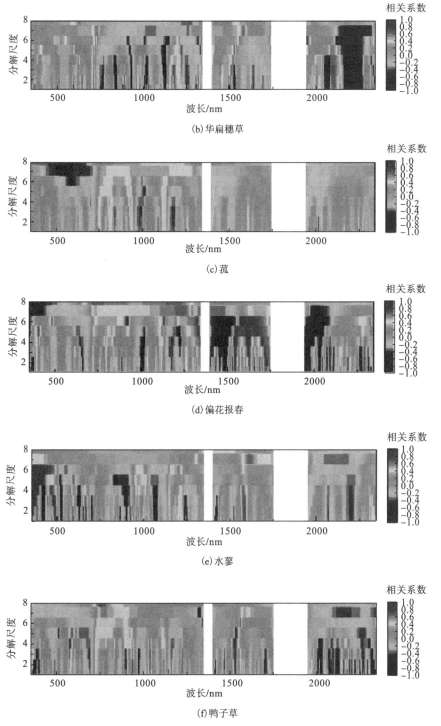

(b) 华扁穗草

(c) 菰

(d) 偏花报春

(e) 水蓼

(f) 鸭子草

图 6-23　氮与小波系数的相关性

　　鹅绒委陵菜共 41 个小波系数达到 0.01 极显著水平，1 尺度 21 个、2 尺度 17 个、3 尺度 3 个，相关性最高为(W655, S3)，相关系数为-0.892；华扁穗草共 36 个小波系数达到 0.05 显著水平，4 尺度 1 个、6 尺度 10 个、7 尺度 25 个，6 尺度 2 个达到 0.01 极显著水平，相关性最高为(W1953, S6)，相关系数为 0.839；菰共 478 个小波系数达到 0.01 极显著水平，1 尺度 16 个、2 尺度 15 个、3 尺度 27 个、4 尺度 30 个、5 尺度 22 个、6 尺度 43 个、7 尺度 177 个、8 尺度 148 个，相关性最高为(W591, S6)，相关系数为-0.557；偏花报春共 45 个小波系数达到 0.01 极显著水平，1 尺度 11 个、2 尺度 2 个、3 尺度和 4 尺度各 1 个、5 尺度 3 个、6 尺度 27 个，相关性最高为(W1981, S1)，相关系数为 0.969；水蓼共 243 个小波系数达到 0.01 极显著水平，1 尺度 11 个、2 尺度 16 个、3 尺度 26 个、4 尺度 41 个、5 尺度 72 个、6 尺度 77 个，相关性最高为(W381, S6)，相关系数为 0.899；鸭子草共 90 个小波系数达到 0.01 极显著水平，1 尺度 30 个、2 尺度 33 个、3 尺度 3 个、4 尺度 16 个、5 尺度 8 个，相关性最高为(W579, S4)，相关系数为 0.979。

　　从统计上看，鹅绒委陵菜随变换尺度增加，极显著水平的小波系数数目减少，说明鹅绒委陵菜连续变换得到的细节信息对氮的敏感性逐渐降低；华扁穗草达到 0.01 极显著水平的小波系数仅有 2 个，而氮与叶绿素的组成关系密切，其小波系数与 CCI 无显著相关，与磷的相关性达到 0.01 极显著的小波系数有 950 个，结合原始光谱反射率及其一阶微分对氮、CCI 的相关性分析结果以及华扁穗草的生长环境，说明华扁穗草生长的土壤环境中的磷对华扁穗草的氮素和叶绿素有一定影响。

6.5.7　小波系数与钾的相关性

　　从图 6-24 中可看出，鹅绒委陵菜和鸭子草的小波系数对钾的敏感性较强，华扁穗草、菰、偏花报春和水蓼对钾的敏感性一般。

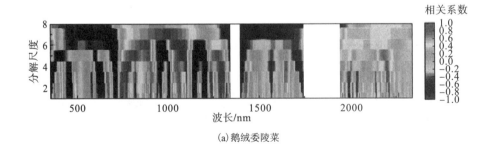

(a)鹅绒委陵菜

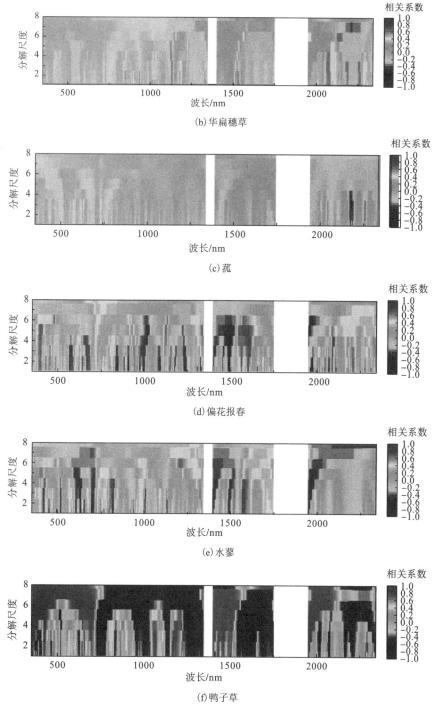

(b) 华扁穗草

(c) 菰

(d) 偏花报春

(e) 水蓼

(f) 鸭子草

图 6-24　钾与小波系数的相关性

鹅绒委陵菜共 210 个小波系数达到 0.01 极显著水平，1 尺度 35 个、2 尺度 53 个、3 尺度 46 个、4 尺度 14 个、5 尺度 24 个、6 尺度 7 个、7 尺度 31 个，相关性最高为 $(W2216，S1)$，相关系数为 0.921；华扁穗草没有小波系数达到 0.01 极显著水平和 0.05 显著水平；菰共 27 个小波系数达到 0.01 极显著水平，1 尺度 5 个、2 尺度 7 个、3 尺度 15 个，相关性最高为 $(W2179，S1)$，相关系数为-0.532；偏花报春共 14 个小波系数达到 0.01 极显著水平，1 尺度 1 个、2 尺度 2 个、3 尺度 3 个、4 尺度 2 个、5 尺度 6 个，相关性最高为 $(W351，S4)$，相关系数为-0.986；水蓼共 44 个小波系数达到 0.01 极显著水平，1 尺度 16 个、2 尺度 14 个、3 尺度 14 个，相关性最高为 $(W1011，S1)$，相关系数为-0.847；鸭子草共 207 个小波系数达到 0.01 极显著水平，1 尺度 24 个、2 尺度 30 个、3 尺度 34 个、4 尺度 42 个、5 尺度 77 个，相关性最高为 $(W428，S3)$，相关系数为 0.999。

从统计上看，鹅绒委陵菜各尺度达到 0.01 极显著水平的小波系数起伏较大，说明鹅绒委陵菜的光谱在各尺度变换提取的细节信息对钾的响应均不同；从相关系数来看，鸭子草相关性最高的小波系数与钾的相关系数达 0.999，结合原始光谱反射率和生长环境来看，鸭子草的原始光谱在 350～447 nm 波段的反射率与钾的相关性均达到 0.01 极显著水平，相关系数 0.999 对应小波系数为 $(W428，S3)$，428 nm 在其原始光谱反射率极显著水平范围内，鸭子草的小波系数随分解尺度的增大而增加，鸭子草作为漂浮植物，钾对植物细胞的渗透压调节起重要作用，说明鸭子草对钾的响应极其明显。

6.5.8　小波系数与钠的相关性

从图 6-25 中看出，各植物种的小波系数对钠的敏感性与前几个理化参数相比，敏感性均有所降低，说明各植物种对钠的响应不明显。统计各植物种不同尺度的小波系数和含水率的相关系数：鹅绒委陵菜共 15 个小波系数达到 0.01 极显著水平，1 尺度 2 个、2 尺度 5 个、3 尺度 8 个，相关性最高为 $(W576，S3)$，相关系数为 0.861；华扁穗草没有小波系数达到 0.01 极显著水平和 0.05 显著水平；菰共 826 个小波系数达到极显著水平，1 尺度 203 个、2 尺度 210 个、3 尺度 203 个、4 尺度 174 个、6 尺度 36 个，相关性最高为 $(W1241，S1)$，相关系数为-0.632；偏花报春共 107 个小波系数达到 0.01 极显著水平，1 尺度 23 个、2 尺度 34 个、3 尺度 32 个、4 尺度 18 个，相关性最高为 $(W2285，S1)$，相关系数为-0.991；水蓼共 86 个小波系数达到 0.01 极显著水平，1 尺度 13 个、2 尺度 14 个、3 尺度 17 个、4 尺度 32 个、5 尺度 10 个，相关性最高为 $(W409，S1)$，相关系数为-0.915；鸭子草共 17 个小波系数达到极显著水平，1 尺度 4 个、2 尺度 6 个、3 尺度 6 个、5 尺度 1 个，相关性最高为 $(W2246，S1)$，相关系数为-0.983。

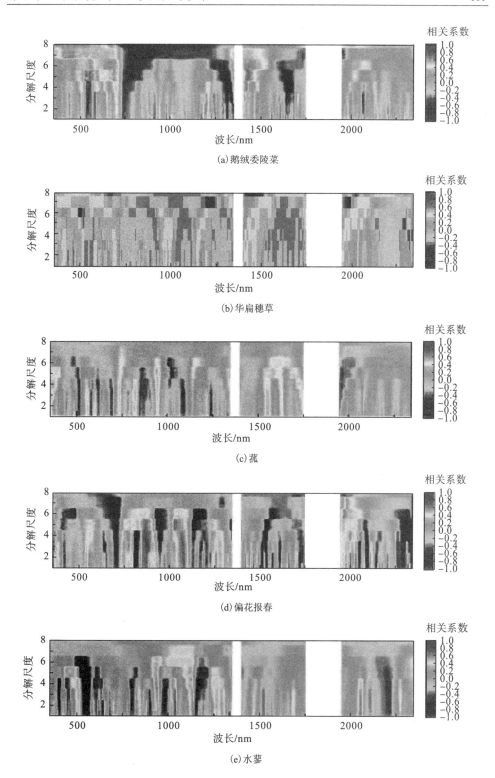

(a) 鹅绒委陵菜

(b) 华扁穗草

(c) 菰

(d) 偏花报春

(e) 水蓼

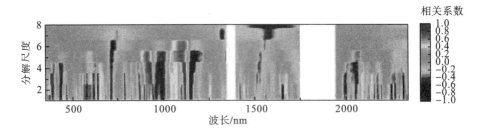

(f)鸭子草

图 6-25　钠与小波系数的相关性

从统计上看，菰、偏花报春、水蓼和鸭子草均为第 1 尺度的小波系数与钠的相关性达到 0.01 极显著水平，说明尺度越高，细节信息对钠的敏感性逐渐降低；华扁穗草没有小波系数与 CCI、钾和钠的相关性达到 0.01 显著水平，与氮达到 0.01 极显著水平仅 2 个小波系数，结合其小波系数与磷的相关性看，磷影响了植物重要的几个理化参数，说明华扁穗草受磷的影响较大。

总体上看，光谱信号经过连续小波变换后，有效地增强了与理化参数的相关性，增加达到 0.01 极显著水平的波段数，说明连续小波变换可以有效地提取特征波段，相比原始光谱、导数光谱和光谱特征变量提取更有优势。

6.6　窄波段 NDVI 和理化参数的相关性

6.6.1　窄波段 NDVI 和鲜生物量的相关性

从图 6-26 中可看出，鹅绒委陵菜和水蓼的 NBNDVI 与鲜生物量呈负相关区间集中在短波红外 2 波段和可见光、近红外和短波红外 1 波段的组合区间；华扁穗草正相关系数较大的范围主要在 750～2350 nm 和 750～1750 nm 波段组合的区间，其中 1400～1460 nm 和 750～1350 nm 波段的组合、1465～1750 nm 波段本身

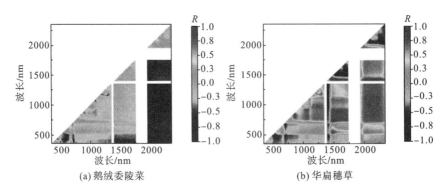

　　(a) 鹅绒委陵菜　　　　　　　　　　　(b) 华扁穗草

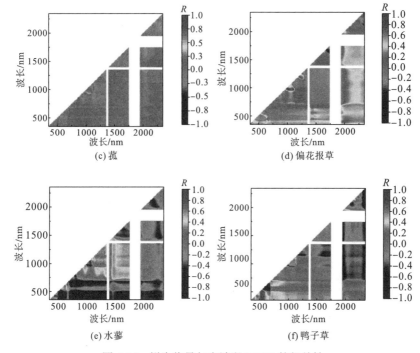

图 6-26　鲜生物量与窄波段 NDVI 的相关性

的组合两个区间为负相关；菰的所有组合区间均为正相关多于负相关；偏花报春负相关性主要在 1415~1750 nm 和 715~1350 nm 波段组合，在短波红外 2 波段和短波红外 1 波段本身的组合区间有一部分显著负相关；鸭子草明显的负相关性集中在 1415~2350 nm 和 735~1750 nm 波段，显著的正相关性在绿光和红光的组合区间。

统计各植物种 NBNDVI 和鲜生物量的相关系数极值，用 NDVI(x, y) 表示窄波段 NDVI 组合，x 和 y 分别表示组合的两个波长。鹅绒委陵菜 NDVI$(2100, 2095)$ 正相关性最高，相关系数为 0.510，NDVI$(1985, 540)$ 负相关性最高，相关系数为 -0.825^{**}（**代表相关性极显著）；华扁穗草 NDVI$(1070, 925)$ 正相关性最高，相关系数为 0.912^{**}，NDVI$(1350, 1410)$ 负相关性最高，相关系数为-0.816^{*}（*代表相关性显著）；菰 NDVI$(685, 670)$ 正相关性最高，相关系数为 0.423^{*}，NDVI$(555, 550)$ 负相关性最高，相关系数为-0.511^{**}；偏花报春 NDVI$(1005, 975)$ 正相关性最高，相关系数为 0.856^{*}，NDVI$(1715, 1645)$ 负相关性最高，相关系数为-0.933^{**}；水蓼 NDVI$(1175, 1195)$ 正相关性最高，相关系数为 0.510，NDVI$(425, 745)$ 负相关性最高，相关系数为-0.773^{*}；鸭子草 NDVI$(565, 495)$ 正相关性最高，相关系数为 0.971^{**}，NDVI$(650, 610)$ 负相关性最高，相关系数为-0.969^{**}。

NBNDVI 与鲜生物量的相关性达到最高的相关系数大部分为自相关性高的波段组合，虽然两个波段间相关性高，波段包含的信息相似，但并不代表其组合的 NDVI 与理化参数的相关性低。

6.6.2　窄波段 NDVI 和干生物量的相关性

与鲜生物量相比，鹅绒委陵菜、华扁穗草和菰在各组合区间变化明显，鹅绒
委陵菜和菰在 740～1350 nm 和 350～740 nm 波段由负相关变为正相关，鲜生物量
对应的正相关组合，在干生物量中相关系数明显增大；华扁穗草在 350～1350 nm
波段大部分为负相关，整个组合的区间和鲜生物量相比，正相关部分变为负相关，
从整体看，华扁穗草鲜生物量为正相关的区间在干生物量中相关系数明显降低。

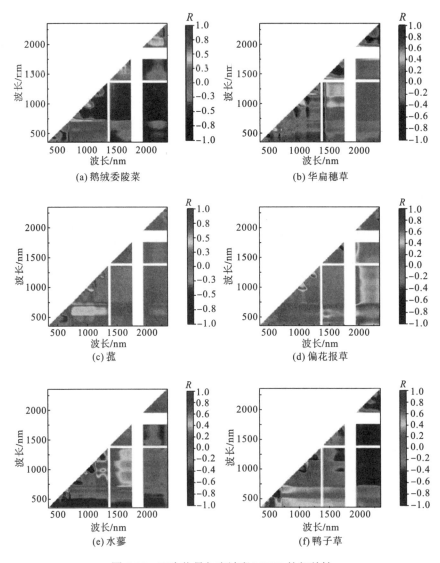

图 6-27　干生物量与窄波段 NDVI 的相关性

统计各植物种 NBNDVI 和干生物量的相关系数极值: 鹅绒委陵菜 NDVI (2100, 2095)正相关性最高, 相关系数为 0.665, NDVI(430, 440)负相关性最高, 相关系数为-0.877**; 华扁穗草 NDVI(1035, 945)正相关性最高, 相关系数为 0.846**, NDVI(1100, 1105)负相关性最高, 相关系数为-0.798*; 菰 NDVI(1065, 600)正相关性最高, 相关系数为 0.470**, NDVI(635, 505)负相关性最高, 相关系数为-0.524**; 偏花报春 NDVI(1215, 1190)正相关性最高, 相关系数为 0.925**, NDVI(1705, 1660)负相关性最高, 相关系数为-0.933**; 水蓼 NDVI(645, 640)正相关性最高, 相关系数为 0.808**, NDVI(430, 420)负相关性最高, 相关系数为-0.884**; 鸭子草 NDVI(555, 460)正相关性最高, 相关系数为 0.872*, NDVI(1965, 910)负相关性最高, 相关系数为-0.979**。

鹅绒委陵菜干生物量正相关性最高的相关系数对应的 NDVI 组合与鲜生物量一致, 说明鹅绒委陵菜这两个波段的组合对生物量敏感; 华扁穗草、偏花报春和鲜生物量相比, 虽然波段组合有所变化, 但干生物量的 NDVI 波段组合也在近红外波段内; 鸭子草负相关性最高的 NDVI 组合由红光波段组合变为蓝光波段的组合, 说明 NBNDVI 波段组合在鲜生物量和干生物量间的变化受水分影响较大。

6.6.3　窄波段 NDVI 和含水率的相关性

从图 6-28 中可看出, 鹅绒委陵菜和华扁穗草的 NDVI 组合对含水率响应有明显的区间, 鹅绒委陵菜为 715～1350 nm 和 1400～1750 nm 波段、710～1350 nm 和 350～740 nm 波段的组合区间, 华扁穗草为 835～1350 nm 和 740～1350 nm 波段的组合区间; 菰、偏花报春和水蓼均表现为正相关多于负相关, 鸭子草的负相关性集中在 350～1350 nm 和 350～1750 nm 的组合区间。

统计各植物种 NBNDVI 和含水率的相关系数极值: 鹅绒委陵菜 NDVI(585, 530)正相关性最高, 相关系数为 0.860**, NDVI(2260, 2115)负相关性最高, 相关系数

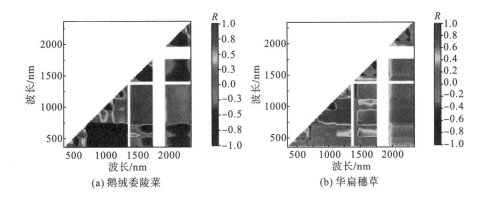

(a) 鹅绒委陵菜　　　　　　　　　　　　(b) 华扁穗草

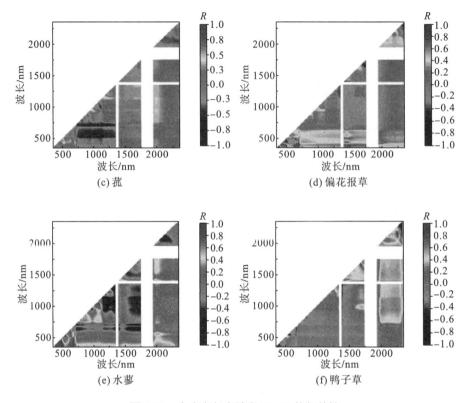

图 6-28　含水率与窄波段 NDVI 的相关性

为-0.872**；华扁穗草 NDVI(1150, 1010) 正相关性最高，相关系数为 0.968**，NDVI(1680, 1685) 负相关性最高，相关系数为-0.819*；菰 NDVI(475, 505) 正相关性最高，相关系数为 0.593**，NDVI(1140, 700) 负相关性最高，相关系数为-0.565**；偏花报春 NDVI(640, 475) 正相关性最高，相关系数为 0.996，NDVI(355, 350) 负相关性最高，相关系数为-0.936；水蓼 NDVI(435, 360) 正相关性最高，相关系数为 0.928**，NDVI(1155, 945) 负相关性最高，相关系数为-0.786*；鸭子草 NDVI(1695, 1670) 正相关性最高，相关系数为 0.960**，NDVI(2345, 2350) 负相关性最高，相关系数为-0.845*。

从相关系数统计上分析，所有正相关最高的相关系数均通过 0.01 极显著水平检验，从波段组合上看，NDVI(2260, 2115)、NDVI(1150, 1010)、NDVI(1680, 1685)、NDVI(1695, 1670) 和 NDVI(2345, 2350) 两个波段均位于植物光谱水汽吸收部分，说明 NBNDVI 比原始的 NDVI 更能表现出对植物含水率的响应，但菰的 NBNDVI 与干生物量和含水率均有近红外和红光波段的组合，说明 NDVI(NIR, Red) 的组合对植物理化参数的响应依然明显。

6.6.4　窄波段 NDVI 和相对叶绿素指数的相关性

从图 6-29 中可看出，鹅绒委陵菜和华扁穗草的窄波段 NDVI 和 CCI 的相关性显著的区间很少，鹅绒委陵菜主要在 NDVI（735～1750，1130～1980），华扁穗草主要在 NDVI（735～1350，1410～1460）；菔、偏花报春、水蓼和鸭子草显著区间较多，华扁穗草主要在 NDVI（1410～1460，740～1350），偏花报春在 NDVI（350～1350，350～690），水蓼在 NDVI（350～2350，350～510），鸭子草在 NDVI（350～510，350～710）和 NDVI（690～2350，2000～2350），从组合区间看出，均有可见光波段参与，说明叶绿素对可见光波段反射率的影响较明显。

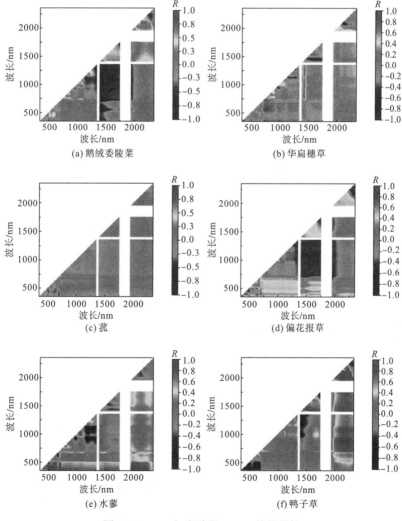

图 6-29　CCI 与窄波段 NDVI 的相关性

　　统计各植物种窄波段 NDVI 和含水率的相关系数极值：鹅绒委陵菜 NDVI(2035, 2040)正相关性最高，相关系数为 0.800**，NDVI(1415, 705)负相关性最高，相关系数为-0.867**；华扁穗草 NDVI(1440, 775)正相关性最高，相关系数为 0.791*，NDVI (1740, 1460)负相关性最高，相关系数为-0.910**；菰 NDVI(715, 705)正相关性最高，相关系数为 0.378*，NDVI(695, 410)负相关性最高，相关系数为-0.464**；偏花报春 NDVI(635, 480)正相关性最高，相关系数为 0.960**，NDVI(355, 350)负相关性最高，相关系数为-0.770；水蓼 NDVI(525, 350)正相关性最高，相关系数为 0.944**，NDVI(635, 645)负相关性最高，相关系数为-0.937**；鸭子草 NDVI(2045, 2035)正相关性最高，相关系数为 0.998**，NDVI(2265, 2275)负相关性最高，相关系数为-0.903*。

　　从相关系数统计上看，所有正相关性最大的系数均通过 0.05 显著性水平检验，其中菰、偏花报春和水蓼的 NDVI 组合均为可见光波段范围，说明叶绿素对这 3 种植物有一定影响。

6.6.5　窄波段 NDVI 和磷的相关性

　　从图 6-30 中可以看出，各植物种的窄波段 NDVI 对磷的敏感程度比生物量、含水率和 CCI 更为明显，NDVI(350~1350, 1400~2350)对磷的响应较为明显，其中鹅绒委陵菜、华扁穗草、偏花报春和鸭子草的所有区间对磷的响应都较为显著，说明磷对这 4 种植物的影响较大；在 NDVI(1050~1070, 985~1135)和 NDVI(1170~1310, 1135~1260)两个区间与相邻波段的组合均表现出明显差异。

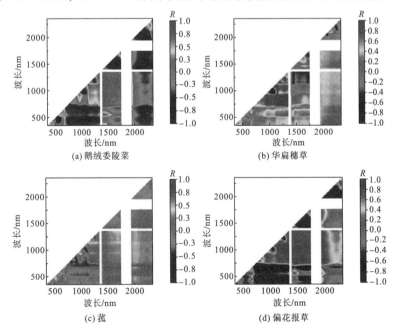

(a) 鹅绒委陵菜　　　　　　　　　　(b) 华扁穗草

(c) 菰　　　　　　　　　　(d) 偏花报草

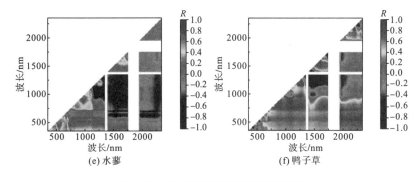

图 6-30　磷与窄波段 NDVI 的相关性

统计各植物种窄波段 NDVI 和含水率的相关系数极值：鹅绒委陵菜 NDVI(1580, 720) 正相关性最高，相关系数为 0.830**，NDVI(2130, 2125) 负相关性最高，相关系数为-0.855**；华扁穗草 NDVI(1225, 1300) 正相关性最高，相关系数为 0.946**，NDVI(1005, 970) 负相关性最高，相关系数为-0.805*；菰 NDVI(1160, 1180) 正相关性最高，相关系数为 0.549**，NDVI(1255, 1260) 负相关性最高，相关系数为-0.560**；偏花报春 NDVI(1175, 1170) 正相关性最高，相关系数为 0.983**，NDVI(520, 350) 负相关性最高，相关系数为-0.952**；水蓼 NDVI(575, 530) 正相关性最高，相关系数为 0.742*，NDVI(1670, 950) 负相关性最高，相关系数为-0.704*；鸭子草 NDVI(1285, 1240) 正相关性最高，相关系数为 0.992**，NDVI(1440, 1420) 负相关性最高，相关系数为-0.857*。

从相关系数统计中看出，大部分 NDVI 组合为红外波段的组合，说明近红外和短波红外波段对磷的响应明显，其中偏花报春和水蓼有可见光波段的组合，偏花报春为蓝光和蓝紫光组合，水蓼为绿光的组合，说明偏花报春和水蓼可见光对磷也有敏感性。

6.6.6　窄波段 NDVI 和氮的相关性

从图 6-31 看出，各植物种的窄波段 NDVI 组合与氮的相关性均是正相关性多于负相关性，在 NDVI(350~2350, 350~1750) 对氮的响应较为明显，其中鹅绒委陵菜 NDVI(390~715, 1400~1750)、华扁穗草 NDVI(350~1750, 1950~2350)、水蓼 NDVI(350~515, 350~2280) 和鸭子草 NDVI(1400~2350, 715~2350) 对氮表现为显著相关。

统计各植物种 NBNDVI 和含水率的相关系数极值：鹅绒委陵菜 NDVI(695, 605) 正相关性最高，相关系数为 0.812**，NDVI(1065, 1060) 负相关性最高，相关系数为-0.697*；华扁穗草 NDVI(2235, 1400) 正相关性最高，相关系数为 0.714*，NDVI(2090, 2100) 负相关性最高，相关系数为-0.815*；菰 NDVI(945, 990) 正相关性最高，相关系数为 0.437*，NDVI(1005, 1115) 负相关性最高，相关系数为-0.473**；偏花报春 NDVI (995, 1000) 正相关性最高，相关系数为 0.859*，NDVI(1725, 1635) 负相关性最高，相关系数为-0.888*；水蓼 NDVI(1065, 1055) 正相关性最高，相关系数为 0.904**，NDVI(635, 645) 负相关性最高，相关系数为-0.890**；鸭子草 NDVI(1695, 1665) 正相关性最高，相关系数为 0.972**，NDVI(1280, 1400) 负相关性最高，相关系数为-0.633。

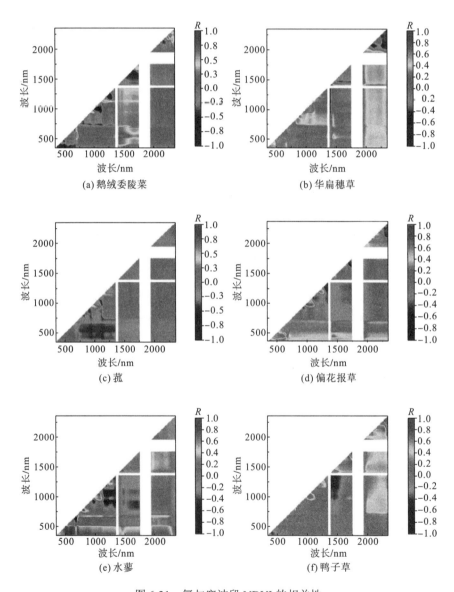

图 6-31　氮与窄波段 NDVI 的相关性

从相关系数统计来看，大部分的 NDVI 组合为红外波段的组合，其中鹅绒委陵菜和水蓼有红光波段的组合，说明这两个植物种的光谱在红光波段对氮有敏感性。

6.6.7　窄波段 NDVI 和钾的相关性

从图 6-32 中可看出，鹅绒委陵菜和鸭子草的所有窄波段 NDVI 组合区间对钾的响应很明显，显著的 NDVI 组合分布在各个区间，华扁穗草、菰、偏花报春和水蓼均为正相关多于负相关。

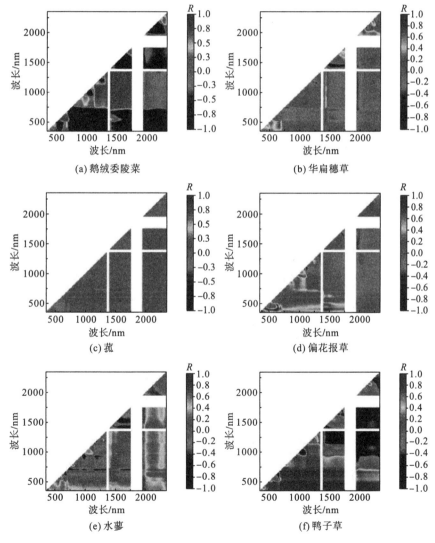

图 6-32　钾与窄波段 NDVI 的相关性

统计各植物种 NBNDVI 和含水率的相关系数极值：鹅绒委陵菜 NDVI(360, 355) 正相关性最高，相关系数为 0.841**，NDVI(730, 355) 负相关性最高，相关系数为 -0.975**；华扁穗草 NDVI(665, 495) 正相关性最高，相关系数为 0.765*，NDVI(1470, 1525) 负相关性最高，相关系数为-0.832*；菰 NDVI(1210, 735) 正相关性最高，相关系数为 0.327，NDVI(2210, 2225) 负相关性最高，相关系数为-0.384*；偏花报春 NDVI(640, 410) 正相关性最高，相关系数为 0.972**，NDVI(350, 360) 负相关性最高，相关系数为-0.835*；水蓼 NDVI(1965, 1750) 正相关性最高，相关系数为 0.846**，NDVI(690, 625) 负相关性最高，相关系数为-0.794*；鸭子草 NDVI(705, 650) 正相关性最高，相关系数为 0.972**，NDVI(1970, 1125) 负相关性最高，相关系数为-0.965**。从相关系数统计来看，可见光波段的 NDVI 组合较多，说明钾对各植物种光谱的可见光波段有一定影响，使得可见光波段对钾响应强烈。

6.6.8　窄波段 NDVI 和钠的相关性

从图 6-33 中可看出，偏花报春和鸭子草对钠的敏感性较强，偏花报春在所有窄波段 NDVI 组合区间均有显著组合，鸭子草主要在 NDVI(735~1350, 1400~1750)；鹅绒委陵菜的所有组合相比前面几种理化参数，窄波段 NDVI 和钠相关性明显减弱。

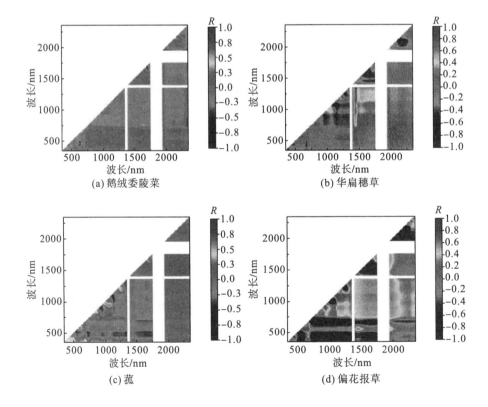

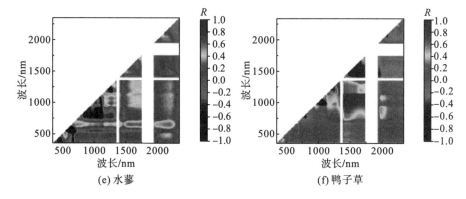

图 6-33　钠与窄波段 NDVI 的相关性

统计各植物种窄波段 NDVI 和含水率的相关系数极值：鹅绒委陵菜 NDVI(660, 665)正相关性最高，相关系数为 0.466，NDVI(1700, 1690)负相关性最高，相关系数为-0.648；华扁穗草 NDVI(1350, 1450)正相关性最高，相关系数为 0.824*，NDVI(2100, 2140)负相关性最高，相关系数为-0.987**；菰 NDVI(1095, 935)正相关性最高，相关系数为 0.598**，NDVI(515, 560)负相关性最高，相关系数为-0.559**；偏花报春 NDVI(1045, 980)正相关性最高，相关系数为 0.941**，NDVI(1255, 1235)负相关性最高，相关系数为-0.995**；水蓼 NDVI(690, 640)正相关性最高，相关系数为 0.793*，NDVI(585, 530)负相关性最高，相关系数为-0.878**；鸭子草 NDVI(1545, 960)正相关性最高，相关系数为0.982**，NDVI(805, 795)负相关性最高，相关系数为-0.863*。

从相关系数统计看出，近红外波段的组合和可见光波段的组合较多，说明近红外波段和红光波段对钠的响应程度明显；鹅绒委陵菜最高正相关和最高负相关均未达到显著水平，说明鹅绒委陵菜的所有 NDVI 组合对钠的响应程度较低；偏花报春的最高负相关系数达-0.995，说明钠对偏花报春的近红外波段影响极为显著。

从整体窄波段 NDVI 与理化参数的相关性看，波段组合比单波段更能反映某些波段对理化参数的响应，通过两个波段间的归一化计算，突出了各组合区间特征和差异，说明窄波段归一化植物指数应用于理化参数敏感波段的选取可行性较为理想。

6.7　理化参数间的相关性

通过原始光谱反射率及其一阶微分、"三边"参数、小波系数和窄波段 NDVI 分别与各植物种的 8 个理化参数进行相关性分析可以看出，连续小波变换和窄波段 NDVI 有效提高了波段对理化参数的响应，可更好地筛选各植物种光谱反射率对不同理化参数响应的特征波段。

在相关性分析中发现，某些波段对多个理化参数有相同的响应，说明这些理化参数之间存在相关性。表 6-7～表 6-12 分别统计了各植物种理化参数的自相关性。从表中的相关系数可以看出，各植物种的某些理化参数之间存在高度相关性，而某些理化参数在一般情况下有所关联，但在这几个植物种中未表现出相关性。

表 6-7　鹅绒委陵菜理化参数自相关统计

	鲜生物量	干生物量	含水率	CCI	P	N	K	Na
鲜生物量	1	0.898**	0.104	0.170	−0.016	−0.064	0.357	−0.185
干生物量	—	1	−0.340	0.365	−0.322	−0.265	0.062	−0.001
含水率	—	—	1	−0.412	0.664	0.470	0.684*	−0.435
CCI	—	—	—	1	−0.905**	−0.521	−0.168	−0.250
P	—	—	—	—	1	0.420	0.406	0.225
N	—	—	—	—	—	1	0.149	−0.400
K	—	—	—	—	—	—	1	−0.412
Na	—	—	—	—	—	—	—	1

表 6-8　华扁穗草理化参数自相关统计

	鲜生物量	干生物量	含水率	CCI	P	N	K	Na
鲜生物量	1	0.486	0.564	0.060	0.239	0.567	0.026	0.139
干生物量	—	1	−0.416	0.033	−0.608	0.359	−0.024	0.629
含水率	—	—	1	0.132	0.763*	0.307	0.114	−0.269
CCI	—	—	—	1	−0.114	0.520	0.624	0.562
P	—	—	—	—	1	0.173	0.017	−0.633
N	—	—	—	—	—	1	0.750*	0.360
K	—	—	—	—	—	—	1	0.220
Na	—	—	—	—	—	—	—	1

表 6-9　菰理化参数自相关统计

	鲜生物量	干生物量	含水率	CCI	P	N	K	Na
鲜生物量	1	0.732**	0.642**	0.117	0.556**	0.183	−0.202	0.266
干生物量	—	1	0.039	0.135	0.053	−0.124	−0.117	0.190
含水率	—	—	1	0.088	0.900**	0.471**	−0.261	0.322
CCI	—	—	—	1	0.116	−0.060	−0.324	−0.014
P	—	—	—	—	1	0.372	−0.117	0.379*
N	—	—	—	—	—	1	−0.023	−0.045
K	—	—	—	—	—	—	1	−0.098
Na	—	—	—	—	—	—	—	1

表 6-10　偏花报春理化参数自相关统计

	鲜生物量	干生物量	含水率	CCI	P	N	K	Na
鲜生物量	1	0.969**	0.588	0.547	0.160	0.924**	0.636	-0.438
干生物量	—	1	0.388	0.360	0.141	0.818*	0.430	-0.424
含水率	—	—	1	0.921**	0.283	0.724	0.887*	-0.021
CCI	—	—	—	1	0.106	0.748	0.767	-0.088
P	—	—	—	—	1	0.075	0.176	0.722
N	—	—	—	—	—	1	0.803	-0.496
K	—	—	—	—	—	—	1	-0.321
Na	—	—	—	—	—	—	—	1

表 6-11　水蓼理化参数自相关统计

	鲜生物量	干生物量	含水率	CCI	P	N	K	Na
鲜生物量	1	0.667*	-0.196	-0.448	-0.376	-0.720*	-0.429	-0.087
干生物量	—	1	-0.855**	-0.674*	-0.654	-0.763*	-0.777*	0.463
含水率	—	—	1	0.616	0.621	0.577	0.698*	-0.613
CCI	—	—	—	1	0.137	0.825**	0.620	0.152
P	—	—	—	—	1	0.473	0.315	-0.691*
N	—	—	—	—	—	1	0.543	0.100
K	—	—	—	—	—	—	1	-0.383
Na	—	—	—	—	—	—	—	1

表 6-12　鸭子草理化参数自相关统计

	鲜生物量	干生物量	含水率	CCI	P	N	K	Na
鲜生物量	1	0.886*	0.166	-0.189	-0.157	0.116	0.709	-0.283
干生物量	—	1	-0.305	-0.221	-0.350	-0.347	0.635	-0.265
含水率	—	—	1	0.140	0.331	0.948**	0.038	0.017
CCI	—	—	—	1	0.232	0.161	-0.107	-0.183
P	—	—	—	—	1	0.608	0.468	-0.066
N	—	—	—	—	—	1	0.203	-0.055
K	—	—	—	—	—	—	1	-0.087
Na	—	—	—	—	—	—	—	1

　　从生物量来看，除华扁穗草，其余 5 个植物种的鲜生物量和干生物量之间均有显著相关性，说明华扁穗草的生物量受水分影响较小；从含水率上看，菰为挺水植物，水环境对其生长有显著影响，因此菰的鲜生物量与含水率有显著相关性；

从 CCI 上看，各植物种的鲜生物量与 CCI 没有显著相关性，说明植物叶绿素含量与其生长状态关联性不高，叶绿素含量低不能说明植物生长不好；从营养元素 P、N、K 和 Na 上看，主要元素对植物的生物量、含水率和叶绿素有一定影响，虽然都生长在湿地环境中，但各植物种对生长环境的适应程度和生长环境之间的差别，使得营养元素在各种植物中表现不同。结合光谱变量和理化参数间的自相关性有助于选择特征波段进行理化参数估测模型的建立。

第 7 章　典型植物种理化参数 估算建模

根据光谱变量和理化参数的相关性分析过程筛选出各植物种各理化参数的最敏感波段，分别从基于外业实测光谱数据和基于高光谱遥感影像(Hyperion、HSI)两个方面，采用单变量回归模型、多元逐步回归模型、主成分回归模型和偏最小二乘法回归建立理化参数的估测模型，并对模型精度进行检验，筛选各植物种各理化参数估测的最优模型。

7.1　基于实测光谱的理化参数估算模型

7.1.1　单变量回归模型

根据第 6 章中的相关性分析，选择达到显著或极显著水平且具有最高相关系数的光谱变量构建模型。自变量选取如表 7-1～表 7-6 所示。

表 7-1　鹅绒委陵菜自变量选取

参数	自变量	相关系数
鲜生物量	$W2077, S1$	0.890
干生物量	$W1643, S1$	0.887
含水率	$W911, S2$	0.968
CCI	$W1988, S4$	−0.923
P	$W1491, S2$	0.921
N	$W655, S3$	−0.892
K	NDVI(730, 355)	−0.975
Na	$W576, S3$	0.861

表 7-2　华扁穗草自变量选取

参数	自变量	相关系数
鲜生物量	NDVI(1070, 925)	0.912
干生物量	$W491, S6$	−0.846
含水率	NDVI(1150, 1010)	0.968

参数	自变量	相关系数
CCI	λ_b	-0.948
P	D_{1085}	-0.948
N	$W1953, S6$	0.839
K	D_{2211}	-0.859
Na	NDVI $(2100, 2140)$	-0.987

表 7-3　菰自变量选取

参数	自变量	相关系数
鲜生物量	$W613, S2$	-0.571
干生物量	$W613, S2$	-0.557
含水率	$W705, S4$	-0.593
CCI	NDVI $(695, 410)$	-0.464
P	$W1192, S1$	-0.596
N	$W591, S6$	-0.557
K	$W2179, S1$	-0.532
Na	$W1241, S1$	-0.632

表 7-4　偏花报春自变量选取

参数	自变量	相关系数
鲜生物量	$W1592, S6$	0.992
干生物量	$W1489, S3$	0.983
含水率	NDVI $(640, 475)$	0.996
CCI	NDVI $(635, 480)$	0.960
P	NDVI $(1175, 1170)$	0.983
N	$W1981, S1$	0.969
K	$W351, S4$	-0.986
Na	NDVI $(1255, 1235)$	-0.995

表 7-5　水蓼自变量选取

参数	自变量	相关系数
鲜生物量	$W656, S2$	0.859
干生物量	NDVI $(430, 420)$	-0.884
含水率	NDVI $(435, 360)$	0.928
CCI	$W351, S4$	0.962
P	$W2060, S1$	-0.795

续表

参数	自变量	相关系数
N	NDVI(1065, 1055)	0.904
K	$W1011, S1$	0.847
Na	D_{428}	0.947

表 7-6 鸭子草自变量选取

参数	自变量	相关系数
鲜生物量	$W518, S5$	−0.991
干生物量	NDVI(1965, 910)	−0.979
含水率	$W580, S4$	0.964
CCI	NDVI(2045, 2035)	0.998
P	NDVI(1285, 1240)	0.992
N	$W579, S4$	0.979
K	$W428, S3$	0.999
Na	$W2246, S1$	−0.983

与理化参数相关性高的自变量中，小波系数较多，其次为窄波段 NDVI 组合，其中华扁穗草与 CCI 和钾相关性最高的变量分别为"三边"参数变量和反射率一阶微分，水蓼与钠相关性最高的自变量为反射率一阶微分，说明小波系数和窄波段 NDVI 组合作为自变量构建单变量模型估算各植物种理化参数相比原始光谱反射率、原始光谱反射率一阶微分和"三边"参数精度更好。通过选取的自变量，利用单变量拟合模型建立回归方程。各植物种理化参数单变量估算模型如表 7-7～表 7-12 所示。

表 7-7 鹅绒委陵菜理化参数估算模型

参数	模型	R^2	RMSE	F.sig
鲜生物量	$y = e^{6.64+6368.575\times(W2077, S1)}$	0.833	69.436	0.001
干生物量	$y = -104.864 + 2876296.703\times(W1643, S1)$	0.790	28.293	0.001
含水率	$y = 0.51\times e^{156.18\times(W911, S2)}$	0.954	0.009	0.000
CCI	$y = 3.161 + 844.789\times(W1988, S4)^2 + 93.308\times(W1988, S4)$	0.868	0.862	0.002
P	$y = 122.251 - 51200448.8\times(W1941, S2)^2 - 22640.961\times(W1941, S2)$	0.899	31.530	0.001
N	$y = 6.198 - 477639.050\times(W655, S3)^2 - 2816.033\times(W655, S3)$	0.806	1.116	0.007
K	$y = e^{12.566-10.355/(NDVI(730, 355))}$	0.913	0.186	0.000
Na	$y = 6.197 + 565543.362\times(W576, S3)^2 + 3660.814\times(W576, S3)$	0.636	0.261	0.048

表 7-8　华扁穗草理化参数估算模型

参数	模型	R^2	RMSE	$F.\text{sig}$
鲜生物量	$y = -380.632 \times \ln(\text{NDVI}(1070,925)) - 676.520$	0.851	88.728	0.001
干生物量	$y = 234127.074 \times (W491,S6)^2 + 9356.465 \times (W491,S6) + 240.425$	0.937	12.493	0.001
含水率	$y = 0.963 - 0.014 / \text{NDVI}(1150,1010)$	0.968	0.013	0.000
CCI	$y = -1437.515 + 2.758 \times \lambda_b$	0.899	0.532	0.000
P	$y = 135.266 - 206710.828 \times D_{1085}$	0.900	12.041	0.000
N	$y = e^{4.153 + 29.643 \times (W1953,S6)}$	0.870	2.289	0.001
K	$y = 4.811 - 27796.562 \times D_{2211}$	0.737	0.522	0.006
Na	$y = 0.726 + 335.751 \times (\text{NDVI}(2100,2140))^2 - 32.366 \times (\text{NDVI}(2100,2140))$	0.978	0.057	0.000

表 7-9　菰理化参数估算模型

参数	模型	R^2	RMSE	$F.\text{sig}$
鲜生物量	$y = 3669.980 - 7683090.837 \times (W613,S2)$	0.326	2453.791	0.001
干生物量	$y = 732.521 + 1068836600 \times (W613,S2)^2 - 217255.713 \times (W613,S2)$	0.325	371.286	0.003
含水率	$y = 10.325 \times (W705,S4)^3 + 9.1901 \times (W705,S4)^2 + 1.945 \times (W705,S4) + 0.844$	0.362	0.052	0.004
CCI	$y = 35.606 + 8.819 / \text{NDVI}(695,410)$	0.227	2.553	0.005
P	$y = 3.925 \times 10^{13} \times (W1192,S1)^3 + 1.183 \times 10^{10} \times (W1192,S1)^2 + 6.282 \times 10^5 \times (W1192,S1) + 105.354$	0.403	21.674	0.002
N	$y = 19.295 \times (W591,S6)^2 + 5.435 \times (W591,S6) + 1.741$	0.316	1.790	0.003
K	$y = -10866.190 \times (W2179,S1) + 4.288$	0.284	0.888	0.001
Na	$y = 3.936 + 7.936 \times 10^7 \times (W1241,S1)^2 - 26162.193 \times (W1241,S1)$	0.427	0.610	0.000

表 7-10　偏花报春理化参数估算模型

参数	模型	R^2	RMSE	$F.\text{sig}$
鲜生物量	$y = e^{9.700 - 0.919/(W1592,S6)}$	0.991	54.880	0.000
干生物量	$y = -7.482 - 3.773 \times 10^6 \times (W1489,S3)^2 - 74706.143 \times (W1489,S3)$	0.973	11.228	0.004
含水率	$y = 0.599 \times (\text{NDVI}(640,475))^{-0.259}$	0.995	0.003	0.000

参数	模型	R^2	RMSE	F.sig
CCI	$y = e^{3.004 - 2.534 \times \mathrm{NDVI}(635, 480)}$	0.925	0.213	0.002
P	$y = 78.970 \times e^{425.896 \times \mathrm{NDVI}(1175, 1170)}$	0.969	4.821	0.000
N	$y = 1.530 \times 10^8 \times (W1981, S1)^2 + 43702.742 \times (W1981, S1) + 4.679$	0.978	0.233	0.003
K	$y = 3.732 - 216.746 \times (W351, S4)$	0.971	0.257	0.000
Na	$y = -23.096 - 2906.460 \times \mathrm{NDVI}(1255, 1235)$	0.990	0.322	0.000

表 7-11　水蓼理化参数估算模型

参数	模型	R^2	RMSE	F.sig
鲜生物量	$y = e^{6.978 + 358.250 \times (W656, S2)}$	0.753	119.133	0.002
干生物量	$y = 20695.199 \times (\mathrm{NDVI}(430, 420))^2 + 3927.823 \times \mathrm{NDVI}(430, 420) + 104.640$	0.783	36.158	0.010
含水率	$y = 0.856 + 40.15 \times (\mathrm{NDVI}(435, 360))^3 + 13.067 \times (\mathrm{NDVI}(435, 360))^2 - 1.537 \times \mathrm{NDVI}(435, 360)$	0.958	0.399	0.001
CCI	$y = -3.714 + 1838.498 \times (W351, S4)$	0.871	2.516	0.000
P	$y = 149.343 - 1766397.376 \times (W2060, S1)^2 + 9040610955 \times (W2060, S1)$	0.635	26.785	0.049
N	$y = 30.090 + 501222139.4 \times (\mathrm{NDVI}(1065, 1055))^3 - 1631534.753 \times (\mathrm{NDVI}(1065, 1055))^2 - 7636.135 \times \mathrm{NDVI}(1065, 1055)$	0.942	1.149	0.002
K	$y = 2.537 \times e^{-5830.973 \times (W1011, S1)}$	0.777	0.905	0.002
Na	$y = 0.005 - 4647.903 \times (D_{428})^2 + 48932671.92 \times D_{428}$	0.921	0.168	0.001

表 7-12　鸭子草理化参数估算模型

参数	模型	R^2	RMSE	F.sig
鲜生物量	$y = 1018.245 - 11648.063 \times (W518, S5)$	0.982	20.772	0.000
干生物量	$y = -2039.518 \times (\mathrm{NDVI}(1965, 910))^2 + 2351.898 \times \mathrm{NDVI}(1965, 910) - 500.613$	0.963	3.596	0.007
含水率	$y = 3.618 \times (W580, S4)^3 - 3286.013 \times (W580, S4) + 0.844$	0.981	0.003	0.003
CCI	$y = 38.887 + 954.193 \times \mathrm{NDVI}(2045, 2035)$	0.996	0.190	0.000
P	$y = 2.523 \times 10^{10} \times (\mathrm{NDVI}(1285, 1240))^3 - 2.637 \times 10^7 \times (\mathrm{NDVI}(1285, 1240))^2 + 55754.972 \times \mathrm{NDVI}(1285, 1240) + 204.478$	0.998	1.042	0.003

续表

参数	模型	R^2	RMSE	$F.sig$
N	$y = 451.898 \times (W579, S4)^{1.002}$	0.970	0.443	0.000
K	$y = 1982.078 \times (W428, S3) + 8.302$	0.999	0.048	0.000
Na	$y = -73.169 - 7.918 \times \ln(W2246, S1)$	0.980	0.418	0.000

通过表 7-7～表 7-12 单变量建立的模型可以看出,华扁穗草、菰、偏花报春和鸭子草的所有模型显著性均小于 0.01,鹅绒委陵菜的 Na 估算模型和水蓼的 P 估算模型仅达到 0.05 显著水平;从建立的模型上看,各植物种的 8 个理化参数估算模型主要以一次函数、二次函数和三次函数居多;从均方根误差和决定系数上看,偏花报春和鸭子草的整体 RMSE 最小,R^2 均在 0.96 以上,说明偏花报春和鸭子草的单变量拟合模型估测其理化参数精度较高。

7.1.2 多元逐步回归模型

多变量模型相比单变量模型能够将变量间的内在联系和相互影响考虑在内,对估算理化参数的解释能力更强。

7.1.2.1 基于多波段的多元逐步回归模型

通过多波段构建理化参数的多元逐步回归模型,需要考虑波段间的相关性,因此在构建模型时有多个波段自相关性高时,保留与理化参数相关性最高的波段变量。各植物种理化参数多变量回归模型如表 7-13～表 7-18 所示。

表 7-13 鹅绒委陵菜理化参数估算模型

参数	模型	R^2	F	RMSE	$F.sig$
鲜生物量	$y = -244.148 + 3969017.141 \times D_{2057} - 4430455.636 \times D_{2194} + 36916.933 \times D_{707}$	0.988	133.570	15.996	0.000
干生物量	$y = -378.813 - 1393913.913 \times D_{670} + 557430.483 \times D_{781}$	0.859	18.320	23.022	0.003
CCI	$y = -10.769 + 7944.176 \times D_{1471} - 25477.059 \times D_{1174} + 18757.576 \times D_{547}$	0.991	174.501	0.230	0.000
P	$y = 136.087 - 78722.892 \times D_{1470} + 137612.362 \times D_{2183}$	0.967	87.962	1.751	0.000
K	$y = 2.948 - 135.548 \times B_{393} + 6.150 \times B_{1175}$	0.942	48.398	0.139	0.000
Na	$y = 1.645 + 12458.893 \times D_{1695} - 1428.233 \times D_{1435} - 4011.960 \times D_{1722}$	0.980	80.961	0.061	0.000

表 7-14 华扁穗草理化参数估算模型

参数	模型	R^2	F	RMSE	F.sig
干生物量	$y = 57.058 + 3135325.894 \times D_{487} - 14529.731 \times D_{1407} + 315499.785 \times D_{670}$	0.986	90.884	5.624	0.000
含水率	$y = 0.488 + 496.246 \times D_{1049} - 1361.132 \times D_{481} + 316.350 \times D_{1273}$	0.998	832.636	0.002	0.000
CCI	$y = -0.288 + 52182.344 \times D_{392} - 2728.279 \times D_{1095}$	0.844	13.568	0.544	0.009
P	$y = 206.384 - 3020.586 \times B_{1350} + 2221.192 \times B_{568} + 1771.205 \times B_{1270}$	0.989	121.018	46.530	0.000
N	$y = -26.670 + 167125.113 \times D_{1063} + 102607.070 \times D_{1198} - 7047.329 \times D_{695} + 96524.410 \times D_{1668}$	0.996	213.060	0.258	0.001
K	$y = 1.452 - 27889.858 \times D_{2211} + 11847.432 \times D_{1064}$	0.923	30.140	0.266	0.002

表 7-15 菰理化参数估算模型

参数	模型	R^2	F	RMSE	F.sig
鲜生物量	$y = -1582.765 + 9127177.793 \times D_{1553} + 5565317.2 \times D_{2305}$	0.308	6.684	2485.375	0.004
干生物量	$y = 245.541 - 1662191.315 \times D_{562} - 748965.402 \times D_{1476} + 769044.535 \times D_{2319}$	0.536	11.156	259.495	0.000
含水率	$y = 0.827 + 18.136 \times D_{731} - 593.832 \times D_{489} + 291.496 \times D_{897} + 524.75 \times D_{384} - 81.654 \times D_{1983}$	0.714	13.486	0.034	0.000
P	$y = -17.048 + 178.353 \times B_{1085} - 2193.271 \times B_{518} + 5746.535 \times B_{424}$	0.491	9.336	19.994	0.000
K	$y = 7.723 + 9892.158 \times D_{2212} - 3867.389 \times D_{1597}$	0.377	9.068	0.828	0.001
Na	$y = -1.057 + 97.418 \times B_{357} - 37.993 \times B_{687} + 6.584 \times B_{1350}$	0.461	8.257	0.587	0.000

表 7-16 偏花报春理化参数估算模型

参数	模型	R^2	F	RMSE	F.sig
鲜生物量	$y = -2134.483 + 8114.324 \times B_{729} + 3838.575 \times B_{2251}$	0.988	125.785	48.304	0.001
干生物量	$y = -50.681 + 399788.875 \times D_{1495} + 187653.368 \times D_{2284}$	0.998	1441.889	3.142	0.000
含水率	$y = 0.659 + 88.119 \times D_{376} + 438.762 \times D_{1207}$	0.975	57.522	0.020	0.004
CCI	$y = 7.24 + 3122.056 \times D_{381} + 14259.246 \times D_{1262}$	0.951	28.944	0.637	0.011
P	$y = 132.474 - 253914.621 \times D_{912} + 72196.119 \times D_{576}$	0.996	411.088	1.461	0.000
N	$y = 3.811 + 10659.819 \times D_{384} - 23294.221 \times D_{1201}$	0.997	508.874	0.085	0.000
K	$y = -18.841 + 37295.46 \times D_{1472} + 18586.479 \times D_{1206}$	0.990	145.328	0.153	0.001

表 7-17　水蓼理化参数估算模型

参数	模型	R^2	F	RMSE	$F.$sig
干生物量	$y = -40.906 - 258141.204 \times D_{641} - 255740.337 \times D_{1095}$	0.871	20.180	27.790	0.002
含水率	$y = 0.824 - 637.047 \times D_{411} - 254.426 \times D_{1702}$	0.894	25.186	0.015	0.001
CCI	$y = -4.573 - 169272.677 \times D_{374} + 55834.268 \times D_{1463}$ $+ 4854.585 \times D_{1159}$	0.998	146.334	0.339	0.000
N	$y = -5.161 + 388.888 \times B_{359} + 149.723 \times B_{2350} - 134.793 \times B_{705}$ $+ 237.101 \times B_{585} - 19.305 \times B_{1444}$	0.999	888.997	0.212	0.000
Na	$y = -1.755 + 16804.801 \times D_{428} + 593.519 \times D_{1121}$ $- 259.171 \times D_{941}$	0.999	1190.577	0.022	0.000

表 7-18　鸭子草理化参数估算模型

参数	模型	R^2	F	RMSE	$F.$sig
鲜生物量	$y = 2167.657 - 565484.982 \times D_{513} - 1183301.003 \times D_{1639}$	0.990	150.108	68.910	0.001
含水率	$y = 0.819 + 114.499 \times D_{548} + 24.484 \times D_{1633}$	0.996	378.893	0.001	0.000
CCI	$y = 6.83 - 16844.384 \times D_{645} + 2039.205 \times D_{1152}$	0.994	253.384	0.229	0.000
P	$y = 196.199 - 401146.854 \times D_{1268} - 22336.733 \times D_{658}$	0.992	195.851	2.179	0.001
N	$y = -7.507 + 34387.921 \times D_{548} + 3009.081 \times D_{663}$	0.992	186.948	0.195	0.001
K	$y = 10.525 - 12430.197 \times D_{793} - 1488.975 \times D_{1132}$	0.977	63.574	0.217	0.003
Na	$y = 4.623 - 9047.519 \times D_{1137} - 27627.030 \times D_{549}$	0.997	473.204	0.168	0.000

　　从表 7-13～表 7-18 中可看出，各植物种均有未通过显著性检验的多元逐步回归模型，其中鹅绒委陵菜的含水率和 N，华扁穗草的鲜生物量和 Na，菰的 CCI 和 N，偏花报春的 Na，水蓼的鲜生物量、P 和 K，鸭子草的干生物量估算方程未通过显著性检验；从自变量上看，多数自变量均为反射率一阶微分对应的波长，其中鹅绒委陵菜的 K、华扁穗草的 P、菰的 P 和 Na、水蓼的 N 和偏花报春的鲜生物量为原始光谱反射率对应的波长；从显著性上看，除偏花报春的 CCI，其余理化参数均达到 0.01 极显著水平；从决定系数上看，各模型大多数的 R^2 在 0.9 以上，鸭子草除了 K，其余模型的 R^2 均在 0.99 以上，偏花报春所有模型的 R^2 均在 0.95 以上，与单变量模型相比，同一个参数估算模型的 R^2，多波段构建的多变量模型比单变量模型均有所提高，说明基于多波段构建的多元逐步回归模型对理化参数的解释能力更强。

7.1.2.2　基于小波系数的多元逐步回归模型

本节根据小波系数和理化参数的相关分析，按相关系数的绝对值降序排列，选取相关性较强的小波系数，筛选前 5 个小波系数建模。在选择过程中要考虑波段冗余，选择小波系数所在特征区域内相关性最强的小波系数，即在同一尺度下有多个自相关性强的波段，选择与理化参数相关性最高的小波系数。

从表 7-19～表 7-30 中可以看出，各植物种大部分理化参数的估算模型在构建多元逐步回归模型的过程中仅剩一个自变量，但模型均通过显著性检验，除华扁穗草的鲜生物量模型外，其余模型均达到 0.01 极显著水平；除华扁穗草外，其余植物种的 8 个理化参数估算模型均能通过小波系数来建立，说明通过小波系数构建的理化参数估算模型较好，同时也能反映出原始光谱经过连续小波变换后，凸显出对理化参数敏感的波段，对构建模型筛选自变量有较好的作用。

表 7-19　鹅绒委陵菜小波系数选择

参数	小波系数
鲜生物量	$(W2077, S1)$、$(W461, S6)$、$(W1643, S1)$、$(W2316, S4)$、$(W2329, S3)$
干生物量	$(W1643, S1)$、$(W2078, S1)$、$(W2082, S5)$、$(W2319, S4)$、$(W2312, S5)$
含水率	$(W911, S2)$、$(W914, S4)$、$(W915, S1)$、$(W924, S3)$、$(W903, S5)$
CCI	$(W1988, S4)$、$(W1964, S2)$、$(W1973, S3)$、$(W1958, S1)$、$(W2004, S5)$
P	$(W1491, S2)$、$(W1491, S1)$、$(W1987, S4)$、$(W1677, S7)$、$(W1746, S4)$
N	$(W655, S3)$、$(W659, S2)$、$(W476, S1)$、$(W894, S2)$、$(W1315, S1)$
K	$(W2216, S1)$、$(W2214, S2)$、$(W1208, S1)$、$(W1104, S4)$、$(W376, S1)$
Na	$(W578, S3)$、$(W577, S2)$、$(W1320, S2)$、$(W1318, S3)$、$(W579, S1)$

表 7-20　基于小波系数的鹅绒委陵菜理化参数估算模型

参数	模型	R^2	F	RMSE	F.sig
鲜生物量	$y = 479.434 + 2638790.736 \times (W2077, S1)$ $- 4817.371 \times (W461, S6)$	0.900	26.944	55.857	0.001
干生物量	$y = -58.537 + 2115659.139 \times (W1643, S1)$ $+ 7296.492 \times (W2082, S5)$	0.929	38.998	20.089	0.000
含水率	$y = 0.483 + 54.014 \times (W911, S2) + 2.255 \times (W914, S4)$	0.974	111.695	0.007	0.000
CCI	$y = -10.946 - 127.52 \times (W1988, S4)$	0.852	40.294	1.033	0.000
P	$y = 155.634 + 32228.926 \times (W1491, S2)$ $- 22.108 \times (W1677, S7)$	0.965	82.636	2.210	0.000
N	$y = 5.768 - 2550.081 \times (W655, S3)$	0.796	27.346	1.298	0.001

续表

参数	模型	R^2	F	RMSE	F.sig
K	$y = 0.723 + 7998.938 \times (W2216, S1)$ $- 6933.615 \times (W1208, S1)$	0.933	41.640	0.182	0.000
Na	$y = 3.307 + 602.019 \times (W578, S3)$	0.741	19.989	0.250	0.003

表 7-21　华扁穗草小波系数选择

参数	小波系数
鲜生物量	$(W2347, S3)$、$(W2342, S4)$、$(W1345, S4)$、$(W2349, S2)$、$(W1339, S5)$
干生物量	$(W491, S6)$、$(W1204, S6)$、$(W553, S6)$、$(W2310, S6)$、$(W1750, S5)$
含水率	$(W1403, S8)$、$(W1350, S3)$、$(W1342, S5)$、$(W1347, S4)$、$(W1336, S6)$
CCI	$(W2052, S8)$、$(W1513, S1)$、$(W2085, S3)$、$(W600, S2)$、$(W653, S1)$
P	$(W1339, S6)$、$(W1350, S3)$、$(W1348, S4)$、$(W1344, S5)$、$(W1964, S7)$
N	$(W1953, S6)$、$(W2299, S7)$、$(W1750, S6)$、$(W1527, S4)$、$(W1229, S5)$
K	$(W1954, S6)$、$(W1526, S4)$、$(W1229, S5)$、$(W2214, S7)$、$(W1230, S5)$
Na	$(W1337, S6)$、$(W1343, S5)$、$(W1348, S4)$、$(W1995, S7)$、$(W1350, S3)$

表 7-22　基于小波系数的华扁穗草理化参数估算模型

参数	模型	R^2	F	RMSE	F.sig
鲜生物量	$y = 1327.687 - 28306.705 \times (W2347, S3)$	0.577	8.173	172.479	0.029
干生物量	$y = 128.158 - 2952.190 \times (W491, S6)$	0.716	15.095	30.548	0.008
含水率	$y = 0.746 + 0.482 \times (W1403, S8)$	0.770	20.101	0.036	0.004
P	$y = 228.234 - 325.623 \times (W1339, S6)$	0.880	43.960	15.192	0.001
N	$y = 22.806 + 191.909 \times (W1953, S6)$	0.705	14.313	2.900	0.009

表 7-23　菰小波系数选择

参数	小波系数
鲜生物量	$(W613, S2)$、$(W1618, S3)$、$(W615, S1)$、$(W616, S3)$、$(W1322, S1)$
干生物量	$(W613, S2)$、$(W641, S1)$、$(W612, S3)$、$(W506, S1)$、$(W640, S3)$
含水率	$(W705, S4)$、$(W706, S3)$、$(W2043, S5)$、$(W750, S3)$、$(W748, S2)$
CCI	$(W672, S1)$、$(W670, S2)$、$(W1465, S1)$、$(W667, S3)$、$(W1464, S2)$
P	$(W1192, S1)$、$(W1191, S2)$、$(W1190, S3)$、$(W674, S7)$、$(W705, S4)$
N	$(W591, S6)$、$(W636, S8)$、$(W539, S7)$、$(W577, S8)$、$(W812, S4)$
K	$(W2179, S1)$、$(W2181, S2)$、$(W2184, S3)$、$(W2182, S4)$、$(W1504, S1)$
Na	$(W1241, S1)$、$(W2088, S1)$、$(W519, S3)$、$(W1243, S2)$、$(W520, S2)$

表 7-24　基于小波系数的菰理化参数估算模型

参数	模型	R^2	F	RMSE	F.sig
鲜生物量	$y = 2539.186 - 25530249.1 \times (W613,S2)$ $+ 9163381.137 \times (W1322,S1)$	0.406	10.253	2415.498	0.000
干生物量	$y = 726.610 - 4242345.493 \times (W613,S2)$	0.300	13.256	328.87	0.001
含水率	$y = 0.638 - 0.446 \times (W705,S4)$ $- 1.143 \times (W2043,S5)$	0.432	11.429	0.051	0.000
CCI	$y = 13.632 - 2046.045 \times (W672,S1)$ $- 3701.806 \times (W1465,S1)$	0.310	6.725	2.531	0.004
P	$y = 85.031 - 363026.159 \times (W1192,S1)$	0.355	17.036	23.234	0.000
N	$y = -3.930 - 15.693 \times (W591,S6)$	0.310	13.931	1.855	0.001
K	$y = 4.752 - 1949.137 \times (W2181,S2)$ $+ 6529.782 \times (W1504,S1)$	0.351	8.096	0.886	0.002
Na	$y = 2.32 - 6209.811 \times (W1241,S1)$ $+ 3751.896 \times (W2088,S1) - 295.938 \times (W520,S2)$	0.582	13.446	0.552	0.000

表 7-25　偏花报春小波系数选择

参数	小波系数
鲜生物量	$(W1592, S6)$、$(W1985, S1)$、$(W1622, S4)$、$(W1720, S3)$、$(W1464, S3)$
干生物量	$(W1489, S3)$、$(W1544, S4)$、$(W1720, S3)$、$(W1488, S2)$、$(W1597, S6)$
含水率	$(W1226, S2)$、$(W406, S1)$、$(W405, S2)$、$(W404, S3)$、$(W1734, S1)$
CCI	$(W1621, S2)$、$(W1734, S1)$、$(W2325, S1)$、$(W623, S3)$、$(W375, S1)$
P	$(W1667, S2)$、$(W2007, S3)$、$(W774, S3)$、$(W760, S1)$、$(W761, S2)$
N	$(W1981, S1)$、$(W1734, S2)$、$(W1951, S4)$、$(W1590, S6)$、$(W1956, S5)$
K	$(W351, S4)$、$(W2093, S1)$、$(W407, S5)$、$(W2092, S2)$、$(W2091, S3)$
Na	$(W2285, S1)$、$(W2287, S2)$、$(W2298, S3)$、$(W2295, S4)$、$(W832, S1)$

表 7-26　基于小波系数的偏花报春草理化参数估算模型

参数	模型	R^2	F	RMSE	F.sig
鲜生物量	$y = -1703.35 + 5425.252 \times (W1592,S6)$ $+ 58350.874 \times (W1622,S4)$	0.998	762.448	27.884	0.000
干生物量	$y = 29.287 - 48905.959 \times (W1489,S3)$	0.965	111.815	15.685	0.000
含水率	$y = 0.836 + 186.685 \times (W406,S1)$	0.905	37.978	0.007	0.004
CCI	$y = -0.322 + 16601.046 \times (W1621,S2)$	0.873	27.571	0.324	0.006
P	$y = 250.191 - 316660.491 \times (W1667,S2)$	0.940	62.458	7.283	0.001

参数	模型	R^2	F	RMSE	F.sig
N	$y = 0.45 + 19149.994 \times (W1981, S4)$ $+ 6975.009 \times (W1734, S2)$	0.988	124.839	0.242	0.001
K	$y = 3.732 - 216.823 \times (W351, S4)$	0.971	135.485	0.314	0.000
Na	$y = 1.292 - 111793.109 \times (W2285, S1)$	0.982	215.730	0.527	0.000

表 7-27　水蓼小波系数选择

参数	小波系数
鲜生物量	$(W656, S2)$、$(W836, S5)$、$(W655, S1)$、$(W1066, S1)$、$(W1077, S3)$
干生物量	$(W657, S1)$、$(W409, S5)$、$(W393, S4)$、$(W434, S1)$、$(W627, S3)$
含水率	$(W630, S3)$、$(W631, S2)$、$(W433, S1)$、$(W704, S1)$、$(W635, S4)$
CCI	$(W351, S3)$、$(W360, S4)$、$(W354, S2)$、$(W353, S1)$、$(W372, S5)$
P	$(W2060, S1)$、$(W615, S1)$、$(W2061, S2)$、$(W779, S1)$、$(W617, S3)$
N	$(W381, S6)$、$(W418, S5)$、$(W372, S3)$、$(W357, S1)$、$(W371, S4)$
K	$(W1580, S3)$、$(W1578, S2)$、$(W1577, S1)$、$(W774, S1)$、$(W1585, S4)$
Na	$(W409, S1)$、$(W407, S3)$、$(W408, S2)$、$(W404, S4)$、$(W610, S5)$

表 7-28　基于小波系数的水蓼理化参数估算模型

参数	模型	R^2	F	RMSE	F.sig
鲜生物量	$y = 1097.622 + 399123.629 \times (W656, S2)$	0.739	19.780	129.684	0.003
干生物量	$y = 212.228 + 252989.338 \times (W657, S1)$ $+ 2261750.537 \times (W434, S1)$	0.900	26.877	30.144	0.001
含水率	$y = 0.838 - 8.763 \times (W630, S3)$	0.856	41.599	0.020	0.000
CCI	$y = -8.006 + 725.463 \times (W351, S3)$	0.914	74.509	2.323	0.000
P	$y = 172.377 - 1408665.456 \times (W2060, S1)$ $- 330646.994 \times (W615, S1)$	0.868	19.796	19.679	0.002
N	$y = 10.937 + 93.202 \times (W381, S6)$	0.809	29.554	2.374	0.001
K	$y = 1.02 + 1823.482 \times (W1580, S3)$	0.691	15.639	0.934	0.005
Na	$y = -0.435 - 13197.074 \times (W409, S1)$	0.838	36.128	0.271	0.001

表 7-29　鸭子草小波系数

参数	小波系数
鲜生物量	$(W1027, S5)$、$(W518, S5)$、$(W2082, S3)$、$(W424, S4)$、$(W1111, S1)$
干生物量	$(W813, S5)$、$(W2082, S3)$、$(W2168, S1)$、$(W2079, S4)$、$(W624, S5)$

续表

参数	小波系数
含水率	$(W580, S4)$、$(W1535, S1)$、$(W576, S3)$、$(W2084, S1)$、$(W1536, S3)$
CCI	$(W2117, S6)$、$(W1516, S1)$、$(W641, S3)$、$(W1955, S7)$、$(W1326, S1)$
P	$(W2206, S1)$、$(W1713, S2)$、$(W1530, S5)$、$(W509, S5)$、$(W724, S8)$
N	$(W579, S4)$、$(W897, S2)$、$(W1537, S5)$、$(W1528, S4)$、$(W378, S1)$
K	$(W428, S3)$、$(W372, S3)$、$(W1555, S1)$、$(W377, S4)$、$(W357, S1)$
Na	$(W949, S2)$、$(W1125, S2)$、$(W390, S1)$、$(W598, S1)$、$(W828, S1)$

表 7-30 基于小波系数的鸭子草理化参数估算模型

参数	模型	R^2	F	RMSE	F.sig
鲜生物量	$y = 1018.245 - 11648.063 \times (W518, S5)$	0.982	219.506	25.441	0.000
干生物量	$y = 215.381 - 656.008 \times (W813, S5)$	0.966	113.860	4.220	0.000
含水率	$y = 0.867 + 0.757 \times (W580, S4) - 172.586 \times (W2084, S1)$ $+ 2.713 \times (W1536, S3)$	0.999	2023.834	0.000	0.000
CCI	$y = 22.242 - 39.874 \times (W2117, S6)$ $+ 3491.324 \times (W1326, S1)$	0.994	244.117	0.330	0.000
P	$y = 230.322 - 164509.995 \times (W2206, S1)$ $+ 699.847 \times (W1530, S5)$	0.994	230.763	2.841	0.001
N	$y = 0.062 + 445.183 \times (W579, S4)$	0.959	93.552	0.542	0.001
K	$y = 8.302 + 1982.450 \times (W428, S3)$	0.999	3514.581	0.059	0.000
Na	$y = 18.603 + 6699.655 \times (W949, S2)$	0.924	48.508	1.009	0.002

7.1.3 主成分回归模型

主成分回归主要分为主成分分析和多元逐步线性回归两部分。由于高光谱数据波段个数较多，相邻波段间相关性较高，因此将采集的光谱数据进行重采样，波谱分辨率重采样为 5 nm，重采样后波段个数为 353 个。主成分分析后提取的成分数量通过累计百分比和特征值判断，一般来说，累计百分比超过 85%或特征值大于 1 的主成分变量予以保留。

7.1.3.1 基于主成分回归建模

从表 7-31 可以看出，经过主成分分析后得到鹅绒委陵菜的光谱波段的前 6 个主成分，特征值均大于 1，其中前 3 个主成分累计百分比超过 85%，达到 94.321%，将 6 个主成分作为自变量，分别定义为 F1、F2、F3、F4、F5 和 F6。

表 7-31 鹅绒委陵菜光谱波段主成分分析

主成分	初始特征值		
	总计	方差百分比/%	累计百分比/%
1	206.320	58.447	58.447
2	76.763	21.746	80.193
3	49.872	14.128	94.321
4	11.771	3.335	97.656
5	5.915	1.676	99.331
6	1.740	0.493	99.824

图 7-1 表示前 3 个主成分的载荷分布情况，第 1 主成分在 350～1350 nm、1400～1750 nm 波段载荷较高，包括植物在可见光、近红外和短波红外 1 波段的大部分信息；第 2 主成分主要反映 375～700 nm 和 2080～2315 nm 波段的信息，包括叶绿素对蓝光和红光的吸收波段，以及水汽吸收波段；第 3 主成分主要反映了 1990～2350 nm 波段的信息。

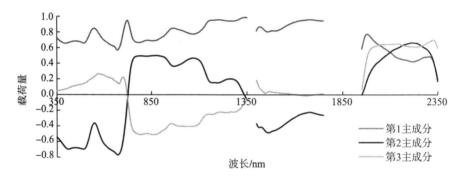

图 7-1 鹅绒委陵菜前 3 个主成分分量载荷分布

从表 7-32 中看出，鹅绒委陵菜的含水率、CCI、P 和 K 的估算模型可以通过主成分回归建立，除 CCI，其余 3 个模型仅达到 0.05 显著水平，所有模型的 RMSE 均小于 1，说明估测值较接近实测值。从模型自变量上看，含水率和 K 的模型自变量为 $F2$，CCI 和磷为 $F1$，说明前 2 个主成分已涵盖了理化组分的主要信息。

表 7-32 基于主成分回归的鹅绒委陵菜理化参数估算模型

参数	模型	R^2	F	RMSE	$F.sig$
含水率	$y = 0.081 \times F2$	0.500	6.998	0.756	0.033
CCI	$y = 0.057 \times F1$	0.673	14.428	0.611	0.007
P	$y = -0.051 \times F1$	0.527	7.786	0.736	0.027
K	$y = 2.8 + 0.054 \times F2$	0.602	10.583	0.410	0.014

从表 7-33 可以看出，华扁穗草提取的 7 个主成分累计百分比达到 100.000%，特征值均大于 1，前 3 个主成分累计百分比超过 85%，达 96.444%，将 7 个主成分作为自变量建立回归模型。

表 7-33　华扁穗草光谱波段主成分分析

主成分	初始特征值		
	总计	方差百分比/%	累计百分比/%
1	229.441	64.997	64.997
2	62.079	17.586	82.584
3	48.927	13.860	96.444
4	5.081	1.439	97.883
5	4.078	1.155	99.039
6	2.330	0.660	99.699
7	1.064	0.301	100.000

图 7-2 表示华扁穗草光谱前 3 个主成分的载荷分布，第 1 主成分反映了近红外波段和短波红外的信息，主要涵盖植物叶片多重反射和水汽吸收的波段；第 2 主成分主要反映了可见光波段 350～500 nm 和 700～780 nm 波段的信息，涵盖叶绿素吸收蓝光和植物红边的波段；第 3 主成分主要反映了 570～710 nm 和 1950～2350 nm 波段的信息，涵盖植物叶绿素反射绿光和水汽吸收的波段。

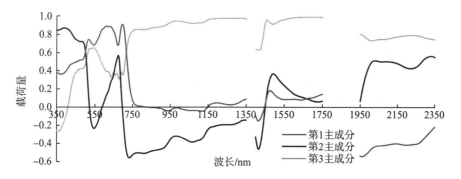

图 7-2　华扁穗草前 3 个主成分分量载荷分布

从表 7-34 可看出，华扁穗草的鲜生物量、CCI 和 K 的估算模型可以通过主成分回归建立，除鲜生物量，其余 2 个模型仅达到 0.05 显著水平；从 RMSE 和 R^2 来看，CCI 和 K 的 RMSE 较小，说明估测值较接近实测值，鲜生物量的 RMSE 较大，但 R^2 达到 0.887，说明模型拟合精度较好。从模型自变量上看，鲜生物量的模型自变量为 $F2$ 和 $F5$，CCI 和 K 为 $F4$，说明特征值较小的主成分更能反映华扁穗草的理化参数信息。

表 7-34　　基于主成分回归的华扁穗草理化参数估算模型

参数	模型	R^2	F	RMSE	$F.\text{sig}$
鲜生物量	$y = 833.7 - 22.43 \times F2 + 73.79 \times F5$	0.887	19.658	97.541	0.004
CCI	$y = 3.279 - 0.506 \times F4$	0.538	6.984	1.141	0.038
K	$y = 4.438 - 0.343 \times F4$	0.505	6.119	0.828	0.048

从表 7-35 看出，菰前 8 个主成分累计百分比达到 99.416%，特征值均大于 1，几乎包含了菰所有光谱波段的信息，前 3 个主成分累计百分比超过 85%，达 88.160%，将 8 个主成分作为自变量建立回归模型。

表 7-35　　菰光谱波段主成分分析

主成分	初始特征值		
	总计	方差百分比/%	累计百分比/%
1	189.175	53.591	53.591
2	78.206	22.155	75.745
3	43.825	12.415	88.160
4	22.568	6.393	94.554
5	8.173	2.315	96.869
6	5.522	1.564	98.433
7	2.424	0.687	99.120
8	1.045	0.296	99.416

图 7-3 表示菰光谱前 3 个主成分的载荷分布，第 1 主成分反映了可见光—近红外波段的信息，几乎包括植物反射的所有信息；第 2 主成分主要反映了短波红外 2 波段 1950～2350 nm 波段的信息，涵盖植物水汽吸收的波段；第 3 主成分主要反映了 1400～1750 nm 波段的信息，涵盖植物水汽吸收的波段。

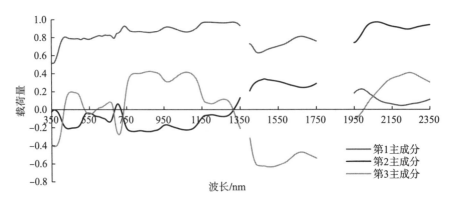

图 7-3　菰前 3 个主成分分量载荷分布

从表 7-36 中看出，菰的含水率和 N 的估算模型可以通过主成分回归建立，两个模型均达到 0.01 极显著水平；从 RMSE 来看，含水率的 RMSE 小于 1，N 的 RMSE 小于 2，说明估测值较接近实测值；从模型自变量上看，含水率和 N 的模型自变量均为 $F4$，说明包含大部分信息的前 3 个主成分不能反映菰的理化参数特征。

表 7-36　基于主成分回归的菰理化参数估算模型

参数	模型	R^2	F	RMSE	F.sig
含水率	$y = 0.819 - 0.006 \times F4$	0.211	8.278	0.059	0.007
N	$y = 4.694 - 0.212 \times F4$	0.210	8.235	1.985	0.007

从表 7-37 中看出，偏花报春 5 个主成分累计百分比达到 100.000%，特征值均大于 1，前 2 个主成分累计百分比超过 85%，达 85.276%，将 5 个主成分作为自变量建立回归模型。

表 7-37　偏花报春光谱波段主成分分析

主成分	初始特征值		
	总计	方差百分比/%	累计百分比/%
1	203.368	57.611	57.611
2	97.657	27.665	85.276
3	43.071	12.201	97.478
4	7.840	2.221	99.698
5	1.065	0.302	100.000

图 7-4 表示偏花报春光谱前两个主成分的载荷分布，第 1 主成分反映了可见光—短波红外 1 波段的信息，包括植物色素反射的所有信息；第 2 主成分主要反映了短波红外 2 波段 1950～2350 nm 的信息，涵盖植物水汽吸收的波段。

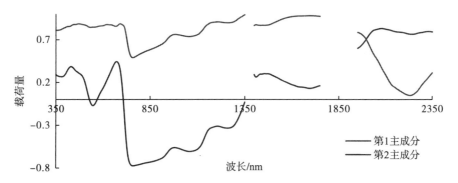

图 7-4　偏花报春前两个主成分分量载荷分布

通过主成分分析得到 5 个主成分与偏花报春的理化参数相关性均未通过显著性检验，不能用于建立估算模型，说明主成分回归不能用于偏花报春的理化参数估测模型研究。

从表 7-38 看出，水蓼的 8 个主成分累计百分比达到 100.000%，特征值均大于 1，前 3 个主成分累计百分比超过 85%，达 85.815%，将 8 个主成分作为自变量建立回归模型。

表 7-38　水蓼光谱波段主成分分析

主成分	初始特征值		
	总计	方差百分比/%	累计百分比/%
1	194.419	55.076	55.076
2	63.773	18.066	73.142
3	44.735	12.673	85.815
4	19.238	5.450	91.265
5	12.714	3.602	94.867
6	11.478	3.252	98.118
7	4.775	1.353	99.471
8	1.867	0.529	100.000

图 7-5 表示水蓼光谱前 3 个主成分的载荷分布，第 1 主成分反映了红光—短波红外 1 波段的信息，包括植物红边、近红外反射和短波红外水分吸收的波段；第 2 主成分主要反映了短波红外 2 波段 1970～2260 nm 的信息，涵盖了植被短波红外水分吸收的波段。

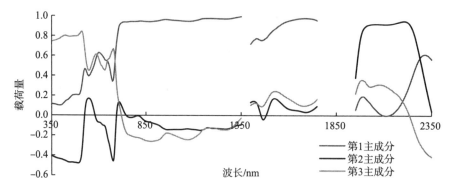

图 7-5　水蓼前 3 个主成分分量载荷分布

通过主成分分析后得到 8 个主成分与水蓼的理化参数相关性均未通过显著性检验，不能用于建立估算模型，说明主成分回归不能用于水蓼的理化参数估测模型研究。

从表 7-39 看出，鸭子草的 5 个主成分累计百分比达到 100.000%，特征值均大于 1，前 2 个主成分累计百分比超过 85%，达 93.606%，包含了鸭子草光谱的大部分信息，将 5 个主成分作为自变量建立回归模型。

表 7-39　鸭子草光谱波段主成分分析

主成分	初始特征值		
	总计	方差百分比/%	累计百分比/%
1	265.210	75.130	75.130
2	65.218	18.475	93.606
3	17.104	4.845	98.451
4	3.135	0.888	99.339
5	2.334	0.661	100.000

图 7-6 表示鸭子草光谱前两个主成分的载荷分布，第 1 主成分和第 2 主成分几乎包括鸭子草光谱所有特征信息，第 1 主成分涵盖蓝光、红边、近红外和短波红外波段，第 2 主成分涵盖了叶绿素反射的绿峰和吸收的红谷波段，说明前两个主成分几乎包含了鸭子草各理化参数在原始光谱响应的信息。

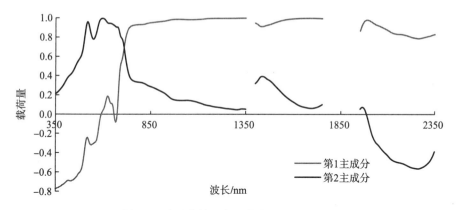

图 7-6　鸭子草前两个主成分分量载荷分布

从表 7-40 中看出，鸭子草的鲜生物量和 CCI 的估算模型可以通过主成分回归建立，鲜生物量估算模型达到 0.01 极显著水平，CCI 达到 0.05 显著水平；从 RMSE 和 R^2 来看，鲜生物量和 CCI 的 RMSE 均小于 1，R^2 均在 0.6 以上，说明估测值较接近实测值，并且模型拟合精度较好；从模型自变量上看，CCI 的自变量为第 2 主成分，结合多波段建立的多变量模型、小波系数模型和鸭子草 CCI 与原始光谱反射率和光谱一阶微分看，CCI 响应敏感的波段集中于红光波段，在第 2 主成分中包含了这部分红光波段信息，说明通过主成分变换后不仅能减少数据量，还能对鸭子草的 CCI 起到较好的估算效果。

表 7-40　基于主成分回归的鸭子草理化参数估算模型

参数	模型	R^2	F	RMSE	$F.sig$
鲜生物量	$y = 0.224 \times F3$	0.861	24.830	0.416	0.008
CCI	$y = 0.101 \times F2$	0.673	7.997	0.646	0.047

原始光谱数据经过主成分变换后,将高维数据变为低维数据,得到的新变量不再代表光谱信息。从整体来看,通过主成分回归建立的理化参数估算模型 RMSE 均较低,部分模型的拟合精度较好,但不能对所有植物种的 8 个理化参数进行估算。相比单变量模型和多变量模型,主成分回归建立的估算模型能够体现出该方法的优点。

7.1.3.2　基于分段主成分回归建模

基于波段相关性分析结果,分别对各植物种的波段相关矩阵进行区间分割,提取各区间累计贡献率最高的特征波段作为自变量。

从表 7-41 看出,鹅绒委陵菜的波段区间划分为 4 个,第 2 区间红光—近红外波段的波段数最多,共 123 个波段,各区间选择的特征波段累计百分比均大于 99.9%,提取的主成分数量均多于 1 个。

表 7-41　鹅绒委陵菜各区间波段选择

区间/nm	波段数/个	选择波段/nm	主成分数量/个	累计百分比/%
350~705	72	400	3	99.969
740~1350	123	1305	3	99.982
1400~1750	71	1625	2	99.991
1995~2320	66	2070	2	99.961

从表 7-42 看出,鹅绒委陵菜的鲜生物量、CCI、P 和 K 可以通过分段主成分回归建立估算模型,除鲜生物量,其余 3 个模型显著性均小于 0.01,从自变量上看,K 的估算方程中含有两个自变量,结合 RMSE 和 R^2 看,R^2 大于 0.9,RMSE 小于 1,说明利用分段主成分回归建立 K 的估算模型精度较高,相比主成分回归建立的 K 的估算模型,R^2 明显提高,且 RMSE 更小,同时说明多变量估算理化参数的解释性比单变量更强。

表 7-42　基于分段主成分回归的鹅绒委陵菜理化参数估算模型

参数	模型	R^2	F	RMSE	$F.sig$
鲜生物量	$y = 329.915 + 6029.844 \times B_{2070}$	0.548	8.497	109.806	0.023

续表

参数	模型	R^2	F	RMSE	F.sig
CCI	$y = -9.584 + 52.341 \times B_{1625}$	0.725	18.419	1.410	0.004
P	$y = 170.163 - 213.062 \times B_{1625}$	0.725	18.448	5.734	0.004
K	$y = 2.98 - 127.404 \times B_{400} + 5.899 \times B_{1305}$	0.932	40.983	0.183	0.000

从表 7-43 看出，华扁穗草的波段区间划分为 5 个，第 3 区间红光—近红外波段的波段数最多，共 123 个波段，各区间选择的特征波段累计百分比均大于 99%，提取的主成分数量均不少于 2 个。

表 7-43　华扁穗草各区间波段选择

区间/nm	波段数/个	选择波段/nm	主成分数量/个	累计百分比/%
350～505	32	385	2	99.963
520～720	41	645	2	99.894
740～1350	123	895	2	99.989
1465～1750	58	1600	3	99.951
1950～2350	81	2275	2	99.942

从表 7-44 看出，分段主成分回归仅能对含水率建立估算模型，结合华扁穗草的理化参数与原始光谱反射率相关性分析，各区间选择的特征波段对其余 7 个参数相关性未达到 0.05 显著水平，因此不能通过分段主成分回归建立其他 7 个参数的估算模型。从含水率估算方程上看，通过 0.05 显著性水平检验，未能达到 0.01 极显著水平，RMSE 小于 0.1，表明估测值很接近于实测值。

表 7-44　基于分段主成分回归的华扁穗草理化参数估算模型

参数	模型	R^2	F	RMSE	F.sig
含水率	$y = 0.826 - 1.620 \times B_{2275}$	0.556	7.500	0.050	0.034

从表 7-45 看出，菰的波段区间划分为 4 个，第 2 区间红光—近红外波段的波段数最多，共 123 个波段，各区间选择的特征波段累计百分比均大于 99%，第 4 区间提取的主成分为 1 个，其他 3 个区间为 2 个。

表 7-45　菰各区间波段选择

区间/nm	波段数/个	选择波段/nm	主成分数量/个	累计百分比/%
420～685	54	575	2	99.812

续表

区间/nm	波段数/个	选择波段/nm	主成分数量/个	累计百分比/%
740～1350	123	900	2	99.978
1400～1750	71	1615	2	99.975
2050～2350	61	2125	1	99.778

从表 7-46 可看出，菰的干生物量、含水率、P 和 Na 的估算模型可以通过分段主成分回归建立。含水率和 P 的估算模型显著性小于 0.01，干生物量和 Na 达到 0.05 显著水平，从 RMSE 和 R^2 上看，干生物量和 P 的 RMSE 较大，说明估测值偏离实测值较多，与主成分回归相比，含水率的 R^2 增加，RMSE 略微减小。从整体看，基于分段主成分回归建立的菰的理化参数估算模型数量多于主成分回归，说明分段主成分分析保留了菰的原始光谱信息特征。

表 7-46　基于分段主成分回归的菰理化参数估算模型

参数	模型	R^2	F	RMSE	F.sig
干生物量	$y = 33.175 + 7570.048 \times B_{575}$	0.193	7.424	352.948	0.010
含水率	$y = 0.651 + 0.615 \times B_{900} - 1.705 \times B_{575}$	0.335	7.567	0.055	0.002
P	$y = 21.741 + 170.988 \times B_{900}$	0.200	7.766	25.863	0.009
Na	$y = 0.338 + 4.805 \times B_{1615}$	0.132	4.721	0.769	0.038

从表 7-47 看出，偏花报春的波段区间划分为 4 个，第 2 区间红光—近红外波段的波段数最多，共 126 个波段，各区间选择的特征波段累计百分比均大于 99.9%，第 4 区间提取的主成分为 1 个，其他 3 个区间为 2 个。

表 7-47　偏花报春各区间波段选择

区间/nm	波段数/个	选择波段/nm	主成分数量/个	累计百分比/%
350～705	72	520	2	99.991
725～1350	126	1125	2	99.999
1400～1750	71	1630	2	99.999
2080～2350	55	2140	1	99.959

从表 7-48 看出，偏花报春的鲜生物量和干生物量的估算模型可以通过分段主成分回归建立，估算方程中的自变量均为 1125 nm 波长的反射率。从显著性上看，干生物量估算模型达到 0.01 极显著水平，鲜生物量达到 0.05 显著水平，R^2 均大

于 0.8，说明回归直线对观测值拟合程度较好，但 RMSE 较大，说明估测值与实测值差距较大。

表 7-48　基于分段主成分回归的偏花报春理化参数估算模型

参数	模型	R^2	F	RMSE	$F.sig$
鲜生物量	$y = -1721.323 + 5893.331 \times B_{1125}$	0.833	19.968	222.636	0.011
干生物量	$y = -251.414 + 929.528 \times B_{1125}$	0.864	25.441	31.110	0.007

从表 7-49 看出，水蓼的波段区间划分为 5 个，第 3 区间红光—近红外波段的波段数最多，共 127 个波段，除第 5 区间，其余区间选择的特征波段累计百分比均大于 99%，第 1 区间和第 3 区间提取的主成分为 2 个，其他 3 个区间为 1 个。

表 7-49　水蓼各区间波段选择

区间/nm	波段数/个	选择波段/nm	主成分数量/个	累计百分比/%
350～505	32	490	2	99.953
525～585	13	565	1	99.797
720～1350	127	960	2	99.903
1530～1750	45	1610	1	99.901
2020～2225	42	2100	1	98.755

从表 7-50 看出，水蓼的鲜生物量、CCI 和 N 的估算模型可以通过分段主成分回归建立，估算方程中的自变量均为 490 nm 波长的反射率。从显著性上看，鲜生物量和 N 的估算模型达到 0.05 显著水平，CCI 达到 0.01 极显著水平；从 R^2 和 RMSE 上看，鲜生物量和 N 的 R^2 均大于 0.5，CCI 的 R^2 大于 0.6，3 个模型的 RMSE 均大于 1，说明分段主成分回归建立的水蓼理化参数估算模型精度较低。

表 7-50　基于分段主成分回归的水蓼理化参数估算模型

参数	模型	R^2	F	RMSE	$F.sig$
鲜生物量	$y = 1858.994 - 18542.594 \times B_{490}$	0.537	8.120	172.590	0.025
CCI	$y = -13.562 + 640.107 \times B_{490}$	0.655	13.309	4.654	0.008
N	$y = -6.02 + 389.841 \times B_{490}$	0.519	7.553	3.762	0.029

从表 7-51 看出，鸭子草的波段区间划分为 4 个，第 3 区间红光—短波红外波段的波段数最多，共 199 个波段，各区间选择的特征波段累计百分比均大于 99.9%，第 2 区间提取的主成分最多，共 3 个主成分，第 3、4 区间各 2 个，第 1 区间 1 个主成分。

表 7-51　鸭子草各区间波段选择

区间/nm	波段数/个	选择波段/nm	主成分数量/个	累计百分比/%
350～480	27	425	1	99.926
510～700	39	560	3	99.990
715～1750	199	1255	2	99.986
2000～2350	71	2120	2	99.986

从表 7-52 看出，鸭子草 P 和 K 的估算模型可以通过分段主成分回归建立，从模型自变量上看，第 1 区间和第 2 区间的特征波段对 P 和 K 较为敏感；从显著性上看，P 的估算模型达到 0.05 显著水平，K 的估算模型达到 0.01 极显著水平；从 R^2 和 RMSE 上看，K 的估算模型估测精度较高，回归直线拟合较好，P 的回归直线拟合较好，但 RMSE 较大，估测值偏离实测值较多。

表 7-52　基于分段主成分回归的鸭子草理化参数估算模型

参数	模型	R^2	F	RMSE	F.sig
P	$y = 64.994 + 1348.061 \times B_{560}$	0.787	14.817	14.115	0.018
K	$y = 0.103 + 142.592 \times B_{425}$	0.897	34.783	0.561	0.004

从整体看，分段主成分分析未改变原始光谱的波段信息，相比主成分分析避免了全局主成分变换后丢失局部重要的波段信息，估算模型中参与建模的自变量大多数为累计贡献率最大的特征波段，通过主成分变换后，偏花报春和水蓼的所有理化参数估算模型不能通过主成分回归建立，而分段主成分回归能够用于各植物种，说明分段主成分回归在一定程度上略优于主成分回归。

7.2　基于高光谱遥感的理化参数估算模型

基于研究区与外业调查同季节的高光谱遥感影像（EO1-Hyperion 和 HJ1A-HSI），结合外业样地调查和光谱采集数据，本书选取样地数量较多、空间分布较广的华扁穗草和水蓼两种植物进行高光谱遥感建模研究。

　　图 7-7 分别比较了华扁穗草和水蓼地面实测光谱与 Hyperion、HSI 获取的光谱。从图中可以看出，Hyperion 的光谱曲线形态较 HSI 更接近实测光谱，而 HSI 的光谱曲线较为平缓，但从细节上可以看出植被叶绿素在可见光下的吸收和反射特征，以及 780～950 nm 近红外高反射的特征。

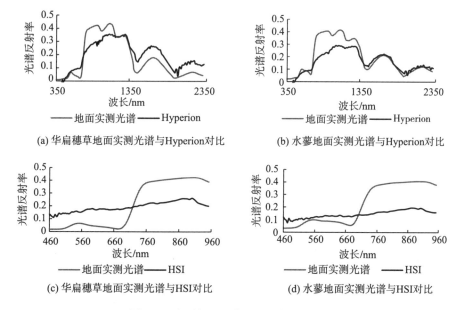

(a) 华扁穗草地面实测光谱与Hyperion对比　　　(b) 水蓼地面实测光谱与Hyperion对比

(c) 华扁穗草地面实测光谱与HSI对比　　　(d) 水蓼地面实测光谱与HSI对比

图 7-7　地面实测光谱与星载高光谱对比

　　星载高光谱虽然经过大气校正，但与地面实测光谱仍然有较大差别，利用每个波段的光谱反射率对植物种的理化参数进行估测可能降低估测精度。由于植物指数通过多个波段的组合运算，可以增强植物某些特征细节，因此通过植物指数来估测理化参数相比光谱反射率更为准确。

　　根据 Hyperion 和 HSI 传感器波长覆盖范围及光谱分辨率，基于表 4-3 列出的各植物指数，通过 Hyperion 影像提取 DVI、MSI、NDLI、NDVI、NDVI、NDVI705、RVI 和 TVI 共 8 个植物指数；HSI 影像提取 DMSR、MCARI、MTVI、SAVI、Vog_1、Vog_2 和 Vog_3 共 7 个植物指数，其中 SAVI 表达式中的 L 取值范围为 0～1，取 3 个不同的 $L(L=0.1，L=0.25，L=0.5)$ 分别计算 SAVI，将 3 个自变量定义为 $SAVI_{0.1}$、$SAVI_{0.25}$ 和 $SAVI_{0.5}$，因此 HSI 影像共提取 9 个自变量。

　　图 7-8 表示了各类植物指数与理化参数的相关性。从图中可以看出，HSI 提取的植物指数与理化参数相关性达到 0.05 显著性水平的数量较 Hyperion 多。华扁穗草 Hyperion 植物指数有 12 个，HSI 共 12 个，水蓼 Hyperion 共 12 个，HSI 共 25 个。从理化参数上看，Hyperion 和 HSI 的植物指数对华扁穗草的 P 和含水率响应敏感，对水蓼的叶绿素和 N 响应敏感。

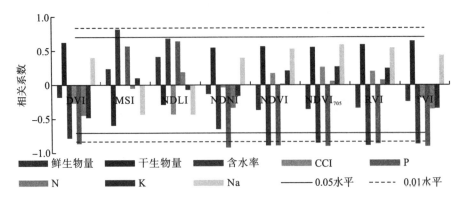

(a) 华扁穗草 Hyperion 构建植物指数与理化参数相关性分析

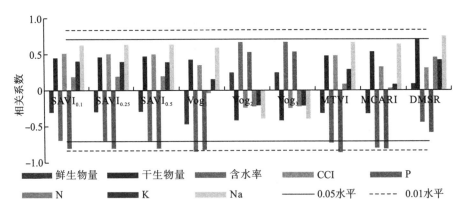

(b) 华扁穗草 HSI 构建植物指数与理化参数相关性分析

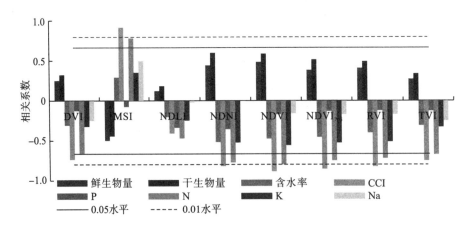

(c) 水蓼 Hyperion 构建植物指数与理化参数相关性分析

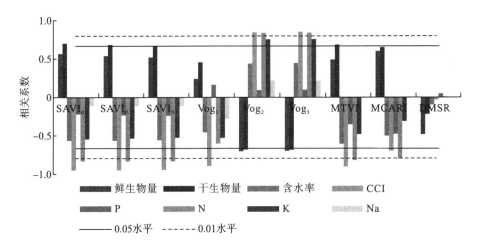

(d) 水蓼 HSI 构建植物指数与理化参数相关性分析

图 7-8 理化参数与植物指数相关性分析

7.2.1 单变量回归模型

选取与理化参数相关性最高的植物指数作为自变量建立单一植物指数与理化参数的单变量回归模型。

从表 7-53 可看出，3 种植物指数对华扁穗草的干生物量、含水率、P 和 Na 的相关性均达到 0.01 极显著水平，DMSR 对干生物量和 Na 均达到 0.01 极显著水平，NDNI 与 P 的相关性最高，相关系数为 -0.921。

表 7-53 华扁穗草自变量选取

参数	自变量	相关系数
干生物量	DMSR	0.710**
含水率	NDVI	-0.892**
P	NDNI	-0.921**
Na	DMSR	0.749**

注：**表示达到 0.01 极显著水平，后同。

从表 7-54 可看出，干生物量和 Na 的估算模型达到 0.05 显著水平，但未达到 0.01 极显著水平，含水率和 P 均达到 0.01 极显著水平。从模型评价指标上看，RMSE 均较小，R^2 除干生物量外，其余 3 个模型 R^2 均大于 0.7，说明星载高光谱提取的植物指数构建华扁穗草理化参数估算模型效果较好。

表 7-54　基于单变量回归的华扁穗草理化参数估算模型

参数	模型	R^2	RMSE	F	F.sig
干生物量	$y = 195.775 + 8.131 \times DMSR$	0.504	12.353	6.094	0.049
含水率	$y = 1.026 - 0.574 \times NDVI$	0.795	0.011	23.337	0.003
P	$y = -18.046 - 36468.52 \times NDNI^2 + 6288.695 \times NDNI$	0.880	4.641	18.415	0.005
Na	$y = 0.458 + 0.066 \times DMSR$	0.744	0.089	3.877	0.032

从表 7-55 可看出，3 种植物指数与理化参数的相关性达到 0.05 显著水平，其中 CCI 和 N 达到 0.01 极显著水平，鲜生物量、干生物量和 K 达到 0.05 显著水平。

表 7-55　水蓼自变量选取

参数	自变量	相关系数
鲜生物量	Vog_2	−0.704*
干生物量	$SAVI_{0.1}$	0.700*
CCI	$SAVI_{0.1}$	−0.951**
N	Vog_3	0.842**
K	Vog_3	0.755*

注：*表示达到 0.05 显著水平，后同。

从表 7-56 可以看出，CCI 和 N 的估算模型达到 0.01 极显著水平，估测值与实测值相差较小，曲线拟合效果较好，鲜生物量、干生物量和 K 达到 0.05 显著水平，R^2 均大于 0.5，K 的 RMSE 小于 1，说明估测值很接近实测值。从自变量上看，所有自变量均为 HSI 提取的植物指数，说明 HSI 对水蓼理化参数的估测效果较好。

表 7-56　基于单变量回归的水蓼理化参数估算模型

参数	模型	R^2	RMSE	F	F.sig
鲜生物量	$y = e^{7.151 + 0.000164/Vog_2}$	0.541	163.940	8.253	0.024
干生物量	$y = 180.707 \times 12.526^{SAVI_{0.1}}$	0.591	57.124	10.109	0.016
CCI	$y = 15.978 + 39.581 \times (SAVI_{0.1})^2 - 73.278 \times SAVI_{0.1}$	0.905	2.159	28.454	0.001
N	$y = 18.964 + 846683.156 \times (Vog_3)^3 + 67007.269 \times (Vog_3)^2 + 1700.453 \times Vog_3$	0.944	1.133	28.058	0.001
K	$y = 6.656 + 82.057 \times Vog_3$	0.574	0.967	9.413	0.018

7.2.2 多变量回归模型

相比单一植物指数建模来说，利用多个植物指数建立理化参数估算模型，可以有效提高自变量对因变量的解释能力。

从表 7-57 和表 7-58 可以看出，利用多元逐步回归分析后，可估测的理化参数极少，水蓼的 CCI 估算模型的 R^2 相比基于单一植物指数建立的模型增加 0.07，RMSE 减小 1.045，通过多元逐步回归分析建立的 3 个估算模型 R^2 均大于 0.9，RMSE 较低，说明多个植物指数建立的估算模型在估测效果上比单个植物指数明显提高。

表 7-57 基于多元逐步回归的华扁穗草理化参数估算模型

参数	模型	R^2	RMSE	F	$F.$sig
磷	$y = 451.334 - 1473.385 \times \text{NDNI} - 271.048 \times \text{NDVI}705$	0.958	7.761	57.325	0.000

表 7-58 基于多元逐步回归的水蓼理化参数估算模型

参数	模型	R^2	RMSE	F	$F.$sig
CCI	$y = 69.745 - 44.892 \times (\text{SAVI}_{0.1}) - 54.826 \times \text{Vog}_1$	0.975	1.114	115.294	0.000
氮	$y = 11.641 - 96.918 \times \text{NDVI} + 12.733 \times \text{RVI}$	0.944	1.711	28.058	0.001

7.2.3 偏最小二乘回归模型

本节分别使用 HSI 和 Hyperion 各自提取的植物指数作为自变量，通过偏最小二乘回归对华扁穗草和水蓼的理化参数建立估算模型。

将植物指数(自变量)设为 X，理化参数(因变量)设为 Y，得到回归方程后对结果进行交叉检验，提取每个成分的预测残差平方和(PRESS)。

从表 7-59 可以看出，HSI 提取的植物指数作为自变量共提取了 4 个因子，在提取至第 4 个因子时 PRESS 最小，说明最佳因子个数为 4 个。从变量解释能力可以看出，自变量 X 和因变量 Y 的解释量增辐随着因子数的增加而减少，说明因子数量对估算模型的建立有较大影响。

表 7-59 华扁穗草 HSI 提取因子 PRESS

因子	PRESS	对 X 效应解释的累计方差/%	对 Y 效应解释的累计方差/%
0	120.1004	—	—
1	350.805	99.968	2.669
2	212.9925	99.999	67.906

续表

因子	PRESS	对 X 效应解释的累计方差/%	对 Y 效应解释的累计方差/%
3	115.2265	99.999	89.913
4	91.79637	100.000	99.445
5	91.79637	—	—
6	91.79637	—	—

变量投影重要性（VIP）可以反映自变量对因变量的重要性。当 VIP>1 时，X 对 Y 具有显著的解释能力，VIP 越大解释能力越强；当 0.8<VIP<1 时，X 对 Y 具有中等程度的解释能力；当 VIP<0.8 时，X 对 Y 基本没有解释意义。华扁穗草 HSI 提取的自变量的 VIP 如图 7-9 所示。

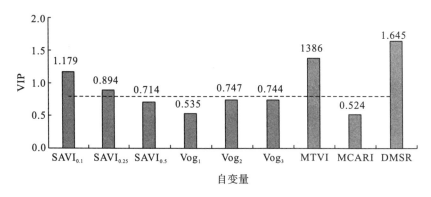

图 7-9　华扁穗草 HSI 提取植物指数重要性

图 7-9 中的虚线为自变量 VIP=0.8 的分界线，从图中可以看出，DMSR、MTVI、$SAVI_{0.1}$ 和 $SAVI_{0.25}$ 的 VIP 大于 0.8，说明这 4 个变量对华扁穗草理化参数的解释能力较强，与表 7-59 中的因子数量结合分析，提取的 4 个因子即 VIP 大于 0.8 的 4 个植被指数。

从表 7-60 可以看出，其他 4 个 VIP 小于 0.8 的自变量也参与建立回归方程，VIP 较小的自变量只能说明对因变量的解释能力弱于 VIP 大的自变量，并不意味着不能参与回归方程建立。基于 HSI 建立的华扁穗草的理化参数估算模型 R^2 均大于 0.7，含水率、K 和 Na 的估算模型 RMSE 均小于 1，鲜生物量、干生物量和 P 的 RMSE 较大，与多元逐步回归相似，P 的偏最小二乘回归模型仍然能保持较理想的估测精度。从整体看，基于 HSI 的 PLSR 对华扁穗草的各理化参数估测效果较为理想。

表 7-60　基于 HSI 建立的华扁穗草理化参数估算模型

参数	模型	R^2	RMSE
鲜生物量	$y = 5839.025 - 6341.174 \times \text{SAVI}_{0.1} - 4243.966 \times \text{SAVI}_{0.25} - 2808.475 \times \text{SAVI}_{0.5}$ $- 3526 \times \text{Vog}_1 + 12363.624 \times \text{Vog}_2 + 12246.54 \times \text{Vog}_3 + 19511.340 \times \text{MTVI}$ $+ 2678.695 \times \text{MCARI} + 26.848 \times \text{DMSR}$	0.701	437.172
干生物量	$y = -222.028 - 2101.1 \times \text{SAVI}_{0.1} - 1058.792 \times \text{SAVI}_{0.25} - 371.437 \times \text{SAVI}_{0.5}$ $+ 631.334 \times \text{Vog}_1 + 686.375 \times \text{Vog}_2 + 668.962 \times \text{Vog}_3 + 5185.09 \times \text{MTVI}$ $+ 1605.405 \times \text{MCARI} + 9.637 \times \text{DMSR}$	0.920	60.228
含水率	$y = 2.889 + 0.582 \times \text{SAVI}_{0.1} - 0.03 \times \text{SAVI}_{0.25} - 0.419 \times \text{SAVI}_{0.5}$ $- 1.94 \times \text{Vog}_1 + 3.233 \times \text{Vog}_2 + 3.216 \times \text{Vog}_3 + 0.065 \times \text{MTVI}$ $- 1.1 \times \text{MCARI} - 0.002 \times \text{DMSR}$	0.992	0.062
CCI	$y = 38.111 + 41.079 \times \text{SAVI}_{0.1} + 17.965 \times \text{SAVI}_{0.25} + 2.742 \times \text{SAVI}_{0.5}$ $- 35.76 \times \text{Vog}_1 + 38.824 \times \text{Vog}_2 + 38.772 \times \text{Vog}_3 - 59.873 \times \text{MTVI}$ $- 35.843 \times \text{MCARI} - 0.032 \times \text{DMSR}$	0.884	1.173
P	$y = 390.774 + 1020.351 \times \text{SAVI}_{0.1} + 451.262 \times \text{SAVI}_{0.25} + 83.712 \times \text{SAVI}_{0.5}$ $- 268.844 \times \text{Vog}_1 - 714.55 \times \text{Vog}_2 - 701.132 \times \text{Vog}_3 - 3522.541 \times \text{MTVI}$ $- 956.748 \times \text{MCARI} - 1.427 \times \text{DMSR}$	0.989	17.325
N	$y = 110.904 + 125.114 \times \text{SAVI}_{0.1} + 48.183 \times \text{SAVI}_{0.25} - 1.655 \times \text{SAVI}_{0.5}$ $- 102.636 \times \text{Vog}_1 + 72.192 \times \text{Vog}_2 + 72.604 \times \text{Vog}_3 - 294.66 \times \text{MTVI}$ $- 127.862 \times \text{MCARI} + 0.675 \times \text{DMSR}$	0.809	4.179
K	$y = 38.462 + 66.765 \times \text{SAVI}_{0.1} + 30.706 \times \text{SAVI}_{0.25} + 7.039 \times \text{SAVI}_{0.5}$ $- 38.026 \times \text{Vog}_1 + 14.565 \times \text{Vog}_2 + 14.871 \times \text{Vog}_3 - 144.618 \times \text{MTVI}$ $- 56.731 \times \text{MCARI} + 0.045 \times \text{DMSR}$	0.996	0.286
Na	$y = 0.713 - 11.303 \times \text{SAVI}_{0.1} - 5.69 \times \text{SAVI}_{0.25} - 2.019 \times \text{SAVI}_{0.5}$ $+ 0.993 \times \text{Vog}_1 + 10.319 \times \text{Vog}_2 + 10.167 \times \text{Vog}_3 + 36.148 \times \text{MTVI}$ $+ 8.965 \times \text{MCARI} + 0.054 \times \text{DMSR}$	0.791	0.329

　　水蓼 HSI 提取的自变量方差解释如表 7-61 所示。从表中可知，提取 2 个因子的 PRESS 最低，因而最佳因子数为 2 个，但提取 4 个因子时的 PRESS 比提取 3 个因子的 PRESS 低。从累计方差来看，第 1 个因子对 X 的解释累计方差达 99.923%，第 2 个因子对 Y 的解释累计方差达 92.472%，说明第 1 个因子对 X 的重要性最大，第 2 个因子对 Y 的重要性最大。

表 7-61　水蓼 HSI 提取因子 PRESS 和累计方差

因子	PRESS	对 X 效应解释的累计方差/%	对 Y 效应解释的累计方差/%
0	115.30270	—	—
1	125.22460	99.923	15.531

续表

因子	PRESS	对 X 效应解释的累计方差/%	对 Y 效应解释的累计方差/%
2	57.83088	99.999	92.472
3	75.78844	—	—
4	74.13075	—	—
5	74.13075	—	—
6	74.13075	—	—

水蓼 HSI 提取的各个自变量的 VIP 如图 7-10 所示。从图中可以看出，共有 5 个自变量的 VIP 大于 0.8，结合表 7-61 可知两个主要因子为 $SAVI_{0.1}$ 和 $SAVI_{0.25}$。

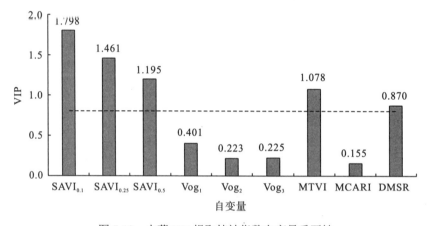

图 7-10　水蓼 HSI 提取植被指数自变量重要性

从表 7-62 可以看出，HSI 提取的植物指数对水蓼的 CCI 和 N 估测效果较为理想，含水率、K 和 Na 的 RMSE 虽然低，但 R^2 也低，说明自变量对理化参数的解释性较差。从回归方程中也可以看出，自变量的系数绝对值与变量的 VIP 呈正相关，VIP 越大，系数越大。

表 7-62　基于 HSI 建立的水蓼理化参数估算模型

参数	模型	R^2	RMSE
鲜生物量	$y = 787.723 + 790.745 \times SAVI_{0.1} + 642.49 \times SAVI_{0.25} + 525.216 \times SAVI_{0.5}$ $+ 176.328 \times Vog_1 - 98.131 \times Vog_2 - 98.976 \times Vog_3 + 474.007 \times MTVI$ $+ 68.154 \times MCARI - 28.848 \times DMSR$	0.362	178.727
干生物量	$y = 119.422 + 296.263 \times SAVI_{0.1} + 240.72 \times SAVI_{0.25} + 196.784 \times SAVI_{0.5}$ $+ 66.066 \times Vog_1 - 36.765 \times Vog_2 - 37.081 \times Vog_3 + 177.597 \times MTVI$ $+ 25.534 \times MCARI - 7.917 \times DMSR$	0.381	61.134

续表

参数	模型	R^2	RMSE
含水率	$y = 0.842 - 0.127 \times SAVI_{0.1} - 0.104 \times SAVI_{0.25} - 0.085 \times SAVI_{0.5}$ $- 0.028 \times Vog_1 + 0.016 \times Vog_2 + 0.016 \times Vog_3 - 0.076 \times MTVI$ $- 0.011 \times MCARI + 0.002 \times DMSR$	0.174	0.043
CCI	$y = 19.097 - 23.733 \times SAVI_{0.1} - 19.284 \times SAVI_{0.25} - 15.765 \times SAVI_{0.5}$ $- 5.293 \times Vog_1 + 2.945 \times Vog_2 + 2.970 \times Vog_3 - 14.228 \times MTVI$ $- 2.045 \times MCARI + 0.076 \times DMSR$	0.883	2.389
P	$y = 237.709 - 113.368 \times SAVI_{0.1} - 92.115 \times SAVI_{0.25} - 75.302 \times SAVI_{0.5}$ $- 25.281 \times Vog_1 + 14.068 \times Vog_2 + 14.189 \times Vog_3 - 67.96 \times MTVI$ $- 9.771 \times MCARI + 2.629 \times DMSR$	0.185	48.212
N	$y = 16.978 - 18.686 \times SAVI_{0.1} - 15.183 \times SAVI_{0.25} - 12.412 \times SAVI_{0.5}$ $- 4.167 \times Vog_1 + 2.319 \times Vog_2 + 2.339 \times Vog_3 - 11.202 \times MTVI$ $- 1.611 \times MCARI + 0.162 \times DMSR$	0.655	2.810
K	$y = 6.41 - 4.334 \times SAVI_{0.1} - 3.521 \times SAVI_{0.25} - 2.878 \times SAVI_{0.5}$ $- 0.966 \times Vog_1 + 0.538 \times Vog_2 + 0.542 \times Vog_3 - 2.598 \times MTVI$ $- 0.374 \times MCARI + 0.111 \times DMSR$	0.036	1.454
Na	$y = 0.586 + 0.419 \times SAVI_{0.1} + 0.341 \times SAVI_{0.25} + 0.279 \times SAVI_{0.5}$ $+ 0.094 \times Vog_1 - 0.052 \times Vog_2 - 0.053 \times Vog_3 + 0.251 \times MTVI$ $+ 0.036 \times MCARI - 0.03 \times DMSR$	0.187	0.645

华扁穗草 Hyperion 提取的因子 PRESS 和变量解释累计方差如表 7-63 所示。

表 7-63　华扁穗草 Hyperion 提取因子 PRESS 和累计方差

因子	PRESS	对 X 效应解释的累计方差/%	对 Y 效应解释的累计方差/%
0	111.13329	—	—
1	107.00055	96.079	20.451
2	128.04878	—	—
3	337.51109	—	—
4	385.21939	—	—
5	385.21939	—	—
6	385.21939	—	—

从表 7-63 可知，提取 1 个因子时的 PRESS 最小，因此最佳因子个数为 1。从解释累计方差来看，第 1 个因子对 X 解释的方差贡献率达 96.079%，对 Y 解释的方差贡献率为 20.451%，说明提取因子对自变量解释能力极强，对因变量解释能力较差。从 PRESS 看出，随着提取因子数的增加，PRESS 在增加，说明因子数增加影响偏最小二乘回归方程对因变量的解释能力。

华扁穗草 Hyperion 提取的各植被指数的 VIP 如图 7-11 所示。从图中可知，8个指数中只有 TVI 和 RVI 的 VIP 大于 0.8，提取的最佳因子个数为 1 个，因此最佳因子为 TVI。

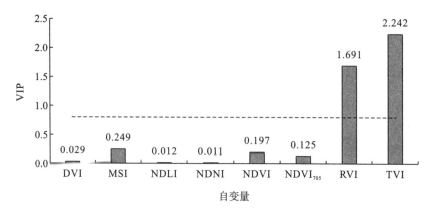

图 7-11　华扁穗草 Hyperion 提取植被指数自变量重要性

表 7-64 列出了基于 Hyperion 建立的华扁穗草理化参数估算模型，从表中可知，含水率和 P 的估测精度较为理想，CCI 和 Na 的 RMSE 虽然小于 1，但 R^2 也低，鲜生物量、干生物量和 N 的 R^2 小于 0.5，所有自变量对因变量的解释程度较低，其中鲜生物量的 R^2 小于 0.1，并且 RMSE 较大，说明偏最小二乘回归法对鲜生物量估测精度很差。

表 7-64　基于 Hyperion 建立的华扁穗草理化参数估算模型

参数	模型	R^2	RMSE
鲜生物量	$y = 1521.733 - 0.671 \times DVI + 5.741 \times MSI + 0.267 \times NDLI - 0.264 \times NDNI$ $- 4.546 \times NDVI - 2.889 \times NDVI_{705} - 38.961 \times RVI - 51.661 \times TVI$	0.076	220.688
干生物量	$y = 19.037 + 0.188 \times DVI - 1.607 \times MSI - 0.075 \times NDLI + 0.074 \times NDNI$ $+ 1.272 \times NDVI + 0.809 \times NDVI_{705} + 10.906 \times RVI + 14.461 \times TVI$	0.410	38.094
含水率	$y = 1.204 - 0.0005 \times DVI + 0.004 \times MSI + 0.002 \times NDLI - 0.002 \times NDNI$ $- 0.003 \times NDVI - 0.002 \times NDVI_{705} - 0.027 \times RVI - 0.035 \times TVI$	0.841	0.026
CCI	$y = 5.921 - 0.003 \times DVI + 0.027 \times MSI + 0.001 \times NDLI - 0.001 \times NDNI$ $- 0.021 \times NDVI - 0.014 \times NDVI_{705} - 0.184 \times RVI - 0.244 \times TVI$	0.242	1.621
P	$y = 430.203 - 0.236 \times DVI + 2.021 \times MSI + 0.094 \times NDLI - 0.093 \times NDNI$ $- 1.6 \times NDVI - 1.017 \times NDVI_{705} - 13.718 \times RVI - 18.19 \times TVI$	0.844	14.981
N	$y = 25.363 - 0.017 \times DVI + 0.149 \times MSI + 0.007 \times NDLI - 0.007 \times NDNI$ $- 0.118 \times NDVI - 0.075 \times NDVI_{705} - 1.013 \times RVI - 1.343 \times TVI$	0.203	5.069
K	$y = 7.477 - 0.004 \times DVI + 0.03 \times MSI + 0.001 \times NDLI - 0.001 \times NDNI$ $- 0.024 \times NDVI - 0.015 \times NDVI_{705} - 0.204 \times RVI - 0.271 \times TVI$	0.426	1.216
Na	$y = -0.221 + 0.007 \times DVI - 0.006 \times MSI - 0.003 \times NDLI + 0.003 \times NDNI$ $+ 0.005 \times NDVI + 0.003 \times NDVI_{705} + 0.042 \times RVI + 0.055 \times TVI$	0.133	0.356

从表 7-65 可以看出，提取的因子数为 0 时，PRESS 最小，因此 Hyperion 提取的植物指数作为自变量不能使用偏最小二乘回归法建立水蓼的理化参数估算模型。

表 7-65　水蓼 Hyperion 提取植物指数 PRESS

因子	PRESS
0	115.303
1	151.363
2	164.971
3	151.992
4	240.844
5	240.844
6	240.844

7.3　模型评价与优选

通过上述利用各种数学方法建立的估算模型可以看出，各类方法对理化参数的估测各有优缺点，曲线的拟合程度和估测值与实测值的差距各有不同。

基于地面实测光谱建立的估算模型共使用了 5 种方法，将单变量回归模型、基于多波段的多元逐步回归、基于小波系数的多元逐步回归、主成分回归和分段主成分回归分别定义为 A、B、C、D、E，对各植物种理化参数的最优估算模型进行选择。

从表 7-66 可以看出，基于多波段的多元逐步回归模型数量最多，其次为单变量回归模型、基于小波系数的多元逐步回归模型，主成分回归模型仅有 2 个，说明多个变量对理化参数的解释性更强，估测精度更高；对于单变量回归模型来说，植物种的理化参数不能与多个独立变量的相关性达到 0.05 显著水平，而只对单一变量的响应最强；主成分回归虽然前几个主成分携带原始变量的大部分信息，但丢失的细节较多，因而主成分对理化参数的解释能力减弱，基于主成分回归的鸭子草鲜生物量估算模型 R^2 均低于 A、B、C 建立的估算模型，但 RMSE 小于 1，估测值相比 A、B、C 更接近实测值，因此主成分回归对于鸭子草的鲜生物量估算效果最好；分段主成分回归得到的自变量与多元逐步回归相似，自变量均为对理化参数敏感的特征波段，但分段主成分回归得到的每个特征波段不一定与每个参数的相关性达到 0.05 显著水平，虽然回归方程通过显著性检验，但估测精度不如 A、B、C。

表 7-66　基于地面实测光谱的各植物种理化参数最优估算模型

植物种	鲜生物量	干生物量	含水率	CCI	P	N	K	Na
鹅绒委陵菜	B	C	C	B	B	A	B	B
华扁穗草	D	B	B	A	A	B	B	A
菰	C	B	B	C	B	A	B	C
偏花报春	C	B	B	B	B	B	B	A
水蓼	A	B	B	B	C	B	A	B
鸭子草	D	A	C	B	A	B	A	B

基于表 7-66 筛选出的估算模型 R^2 和 RMSE 如表 7-67 和表 7-68 所示。

表 7-67　各植物种理化参数最优估算模型的 R^2

植物种	鲜生物量	干生物量	含水率	CCI	P	N	K	Na
鹅绒委陵菜	0.988	0.929	0.974	0.991	0.967	0.806	0.942	0.980
华扁穗草	0.887	0.986	0.998	0.899	0.900	0.996	0.923	0.978
菰	0.406	0.536	0.714	0.310	0.491	0.316	0.377	0.582
偏花报春	0.998	0.998	0.975	0.951	0.996	0.997	0.990	0.990
水蓼	0.753	0.871	0.894	0.998	0.868	0.942	0.777	0.999
鸭子草	0.861	0.963	0.999	0.994	0.998	0.992	0.999	0.997

表 7-68　各植物种理化参数最优估算模型 RMSE

植物种	鲜生物量	干生物量	含水率	CCI	P	N	K	Na
鹅绒委陵菜	133.570	20.089	0.007	0.230	1.751	1.116	0.139	0.061
华扁穗草	97.541	5.624	0.002	0.532	12.041	0.258	0.266	0.057
菰	2415.498	259.495	0.034	2.531	19.994	1.790	0.828	0.552
偏花报春	27.884	3.142	0.020	0.637	1.461	0.085	0.153	0.322
水蓼	119.133	27.790	0.015	0.339	19.679	1.149	0.905	0.022
鸭子草	0.416	3.596	0.000	0.229	1.042	0.195	0.048	0.168

从表 7-67 和表 7-68 可以看出,大部分估算模型的 R^2 在 0.9 以上,最高达 0.999,说明估算模型曲线拟合较好,其中干生物量、含水率和 Na 的 R^2 较为理想;从 RMSE 上看,各植物种含水率、K 和 Na 的估测效果较好,RMSE 均小于 1,CCI 除菰,其余 5 种的 RMSE 均小于 1,但整体来看,CCI 估测效果也较为理想;对于鲜生物量和干生物量来说,除鸭子草的鲜生物量,其余 RMSE 较大,鹅绒委陵菜和偏

花报春的 R^2 大于 0.9，但 RMSE 差距较大，说明建立的估算模型对生物量的估测精度较低；总体来看，建立的估算模型对生化参数的估测效果较好，但对生理参数估测效果较差。

　　基于星载高光谱建立的估算模型共使用了 3 种方法，将单一植物指数回归模型、基于多植物指数的多元逐步回归模型、基于 HSI 的偏最小二乘回归模型和基于 Hyperion 的偏最小二乘回归模型分别定义为 F、G、H、I，对华扁穗草和水蓼的理化参数的最优估算模型进行选择，如表 7-69 所示。

表 7-69　基于星载高光谱的各植物种理化参数最优估算模型

植物种	鲜生物量	干生物量	含水率	CCI	P	N	K	Na
华扁穗草	H	F	H	H	G	H	H	F
水蓼	F	F	H	G	H	F	F	H

　　从表 7-69 可以看出，基于 HSI 的偏最小二乘回归模型数量最多，其次为单一植物指数回归模型、基于多植物指数的多元逐步回归模型。从最优估算模型中可以看出，基于 Hyperion 构建的估算模型没有一个入选最优估算模型，说明对华扁穗草和水蓼来说，基于光谱分辨率更高的 HSI 影像构建的理化参数估算模型效果更佳。基于表 7-69 筛选出的估算模型 R^2 和 RMSE 如表 7-70 和表 7-71 所示。

表 7-70　基于星载高光谱的各植物种理化参数最优估算模型 R^2

植物种	鲜生物量	干生物量	含水率	CCI	P	N	K	Na
华扁穗草	0.701	0.504	0.992	0.884	0.958	0.809	0.996	0.744
水蓼	0.541	0.591	0.174	0.975	0.185	0.944	0.574	0.187

表 7-71　基于星载高光谱的各植物种理化参数最优估算模型 RMSE

植物种	鲜生物量	干生物量	含水率	CCI	P	N	K	Na
华扁穗草	437.172	12.353	0.062	1.173	7.761	4.179	0.286	0.089
水蓼	163.94	57.124	0.043	1.114	48.212	1.133	0.967	0.645

　　从表 7-70 和表 7-71 可以看出，华扁穗草估算模型的 R^2 相比水蓼来说曲线拟合程度较好，水蓼的含水率、P 和 Na 的 R^2 较小，说明这 3 种参数的曲线拟合效果不理想；从 RMSE 来看，鲜生物量和干生物量与基于地面实测光谱构建的估算模型一样，RMSE 较大，说明基于星载高光谱建立的估算模型对生物量估测效果不理想；对含水率和 Na 来说，水蓼的含水率和 Na 的 R^2 较小，但 RMSE 均小于 1，尤其是含水率的 RMSE 仅为 0.043，说明基于 HSI 构建的估算模型对两个优势

种的含水率和 Na 估测精度较理想；总体来看，结合 HSI 提取的植物指数与偏最小二乘回归对华扁穗草和水蓼的理化参数估测精度较为理想，偏最小二乘回归能够对每个自变量深入分析，尽可能地挖掘每个自变量对因变量的解释能力，在样本量少时仍然能有效地反演理化参数；虽然 HSI 受空间分辨率、光谱分辨率、大气等因素的影响，但是能够对覆盖面积大的植物种的理化参数进行定量反演，获得较为理想的结果。

第8章 结论与讨论

8.1 主要研究结论

对高原湿地植物的养分状况进行及时、准确的监测和评价至关重要，有助于系统了解高原湿地生态系统动态演变的成因、机理、过程和规律，能够为高原湿地资源的保护、恢复和合理利用提供科学依据。受到传统多光谱遥感诸多技术瓶颈的制约，对高原湿地植物的遥感反演、信息提取和主要养分状况的估测等方面的研究至今未能取得理想成果。本书以滇西北纳帕海和剑湖高原湿地为研究区，分别从典型湿地植物的高光谱遥感分类技术和理化参数高光谱估算模型研建两方面开展研究。

1. 典型湿地植物的高光谱遥感分类技术方面

(1)通过对比基于最小噪声分离的光谱角填图、基于特征波段选择降维的最大似然法和基于特征波段选择降维的支持向量机分类结果可知，基于特征波段选择的数据降维方法合理有效，与常规降维方法相比效果更好，在降维后的影像中能明显看出植物的分布特征；通过降维可以有效提高影像分类精度，除对数导数变换，降维后的 Hyperion 影像及其融合影像分类精度均高于 80%。

(2)研究所用的 3 种分类方法中，支持向量机分类方法效果最佳；基于特征波段选择的 6 种降维方法中，二阶微分方法降维效果最好，对数导数方法降维效果最差；所采用的 4 幅影像中，Hyperion 融合影像分类结果最优，HJ-1A HSI 原始影像分类结果最差；综合比较分类效果，在 Hyperion 融合影像中，基于二阶微分特征提取的支持向量机分类效果最佳，其总体分类精度为 90.12%，Kappa 系数为 0.881。

(3)从影像融合来看：采用 3 种方法分别对高光谱影像进行融合，其中 GS 融合方法效果最优；采用该方法融合后，提高了影像空间分辨率，影像细节特征和光谱反射率未发生显著变化；HJ-1A HSI 影像通过 GS 融合后，总体精度从 49.53% 提高到 64.60%，Kappa 系数从 0.395 提高到 0.573；虽然融合后精度并未达到满意程度，但该方法具有一定参考意义，在未来的研究中可将其应用到更大尺度的植被分类中。

2. 典型湿地植物理化参数高光谱估算模型方面

(1) 野外测定的 6 种植物的光谱反射率曲线符合绿色植物反射光谱特征,对原始光谱反射率去除异常值、求平均、平滑处理后的光谱反射率数据更能准确描述实际光谱特征;用不同变换方法分析光谱可清晰表达各植物种间光谱的差异性;原始光谱可见光波段及其一阶微分和"三边"参数能准确区分植物种类;包络线去除能凸显光谱吸收特征;连续小波变换能获取光谱全局信息和局部细节信息。

(2) 通过对光谱变量与理化参数的相关分析,连续小波变换、窄波段 NDVI 提取、原始光谱反射率一阶微分等处理可有效提高波段对理化参数的响应能力;作为植物独有的"三边"参数,光谱特征变量对理化参数的敏感性较高。此外,对各植物种的理化参数的相关分析结果表明,各植物种的理化参数间存在着显著的相关性。基于地面实测光谱数据,分别利用单变量回归、多元逐步回归、主成分回归和分段主成分回归建立了植物种理化参数的高光谱估算模型,并对各模型进行了精度检验。结果表明,基于多波段的多元逐步回归、单变量回归和基于小波系数的多元逐步回归方法对理化参数的估算精度较高,最高 R^2 分别为 0.999、0.998 和 0.999,最低 RMSE 分别为 0.002、0.048 和 0.000。

(3) 基于星载高光谱遥感影像,分别利用单一植物指数回归、基于多植物指数的多元逐步回归、基于 HSI 的偏最小二乘回归和基于 Hyperion 的偏最小二乘回归方法,对华扁穗草和水蓼建立了理化参数估算模型。结果表明,基于 HSI 的偏最小二乘回归、单一植物指数回归和基于多植物指数的多元逐步回归方法较优,最高 R^2 分别为 0.996、0.944 和 0.975,最低 RMSE 分别为 0.043、0.089 和 1.114,能够获得较为理想的拟合结果。

8.2 讨 论

(1) 如何对高光谱影像进行合理且有效的数据降维一直是高光谱遥感领域的研究热点。本书采用基于 ASD 地面实测光谱数据的 6 种光谱特征波段选取方法,结合主成分分析方法进行了数据降维。虽然分类精度尚可,但未选取其他高光谱影像数据,无法进行基于不同遥感数据源的数据降维方法对比分析,在今后研究中可尝试采用最佳波段指数、分段主成分分析等方法结合不同遥感数据源对数据降维进行尝试。

(2) 由于受环境因素的限制,本书研究仅针对纳帕海湿地分布较为广泛的湿地植物类型,且受时间和天气等客观条件的限制,虽然植物样本采集的总数量较多,但每个植物种的样本数量较少,因此分析光谱变量与理化参数的相关性和建立估测模型时受样本数量的影响,对某些理化参数反演的精度不理想,在以后的研究中可集中针对 1 个或 2 个优势植物种的理化参数进行精准估算建模研究。

(3) 使用的 HSI 高光谱影像空间分辨率较低,虽然选取覆盖面积大于 1 个像元的植物种进行了理化参数反演,但可能存在混合像元;在数据预处理中已经去除了大部分条带,但仍有不足,因此在今后的研究中可以利用其他方法对高光谱遥感影像进行预处理。同时,受到当前星载/机载高光谱传感器的局限,本书未能获得更多丰富的高光谱遥感影像数据,未来随着高光谱传感器的不断发展,利用信息量更为丰富的高光谱遥感数据探讨高原湿地植物遥感分类和养分状况反演必将更为精准。

(4) 总体来看,多元逐步回归和偏最小二乘回归对理化参数估测精度较高,但对某些理化参数不能建立估算模型,通过星载高光谱反演选取的植物指数类型较少,在今后的研究中应选取更多的植物指数或其他光谱变量,或者利用非参数模型对理化参数进行估算建模研究。

参 考 文 献

柴颖, 阮仁宗, 傅巧妮, 等, 2015. 高光谱数据湿地植被类型信息提取[J]. 南京林业大学学报(自然科学版), 39(1):
    181-184.

柴颖, 阮仁宗, 柴国武, 等, 2016. 基于光谱特征的湿地植物种类识别[J]. 国土资源遥感, 28(3): 86-90.

陈新芳, 安树青, 陈镜明, 等, 2005. 森林生态系统生物物理参数遥感反演研究进展[J]. 生态学杂志, 24(9):
    1074-1079.

程志庆, 张劲松, 孟平, 等, 2015. 植被参数高光谱遥感反演最佳波段提取算法的改进[J]. 农业工程学报, (12):
    179-185.

崔宾阁, 庄仲杰, 任广波, 等, 2015. 典型高光谱图像端元提取算法在黄河口湿地应用评价研究[J]. 海洋科学,
    39(2): 104-109.

佴袁勇, 2011. 高光谱数据反演植被信息的研究[D]. 武汉: 武汉大学.

丁丽霞, 王志辉, 葛宏立, 2010. 基于包络线法的不同树种叶片高光谱特征分析[J]. 浙江农林大学学报, 27(6):
    809-814.

方红亮, 田庆久, 1998. 高光谱遥感在植被监测中的研究综述[J]. 遥感技术与应用, 13(1): 62-69.

方圣辉, 乐源, 梁琦, 2015. 基于连续小波分析的混合植被叶绿素反演[J]. 武汉大学学报(信息科学版), 40(3):
    296-302.

高灯州, 曾从盛, 章文龙, 等, 2016. 闽江口湿地土壤全氮含量的高光谱遥感估算[J]. 生态学杂志, 35(4): 952-959.

高鹏, 徐志刚, 江永弘, 等, 2016. 遥感在湿地研究中的现状与展望[J]. 安顺学院学报, 18(3): 130-132.

国家林业局, 1999. LY/T 1270-1999 森林植物与森林枯枝落叶层全硅、铁、铝、钙、镁、钾、钠、磷、硫、锰、铜、
    锌的测定[S]. 北京: 国家林业局.

黄敬峰, 王福民, 王秀珍, 2010. 水稻高光谱遥感实验研究[M]. 杭州: 浙江大学出版社.

黄彦, 田庆久, 耿君, 等, 2016. 遥感反演植被理化参数的光谱和空间尺度效应[J]. 生态学报, 36(3): 883-891.

黄余春, 田昆, 岳海涛, 等, 2012. 云南高原常见湖滨湿地植物群落对生活污水氮的净化研究[J]. 生态环境学报,
    21(2): 359-363.

贾萍, 宫辉力, 赵文吉, 等, 2003. 我国湿地研究的现状与发展趋势[J]. 首都师范大学学报(自然科学版), 24(3):
    84-88.

姜海玲, 2011. 基于高光谱遥感的植被生化变量反演及真实性检验研究[D]. 长春: 东北师范大学.

靳华安, 刘殿伟, 王宗明, 等, 2008. 三江平原湿地植被叶面积指数遥感估算模型[J]. 生态学杂志, 27(5): 803-808.

况润元, 曾帅, 赵哲, 等, 2017. 基于实测高光谱数据的鄱阳湖湿地植被光谱差异波段提取[J]. 湖泊科学, 29(6):
    1485-1490.

雷天赐, 黄圭成, 雷义均, 2009. 基于高程模型的鄱阳湖湿地植被遥感信息识别与分类提取[J]. 资源环境与工程,
    23(6): 844-847.

李丹, 陈水森, 陈修治, 等, 2010. 高光谱遥感数据植被信息提取方法[J]. 农业工程学报, 26(7): 181-185.

李凤秀, 张柏, 刘殿伟, 等, 2008a. 洪河自然保护区乌拉苔草生物量高光谱遥感估算模型[J]. 湿地科学, 6(1): 51-59.

李凤秀, 张柏, 刘殿伟, 等, 2008b. 湿地小叶章叶绿素含量的高光谱遥感估算模型[J]. 生态学杂志, 27(7): 1077-1083.

李建平, 张柏, 张泠, 等, 2007. 湿地遥感监测研究现状与展望[J]. 地理科学进展, 26(1): 33-43.

李益敏, 李卓卿, 2013. 国内外湿地研究进展与展望[J]. 云南地理环境研究, 25(1): 36-43.

梁莉, 李尧, 叶成名, 等, 2017. 一种基于综合吸收能力的高光谱遥感植被指数计算方法[J]. 地球物理学进展, 32(4): 1454-1457.

梁亮, 杨敏华, 李英芳, 等, 2010. 基于 ICA 与 SVM 算法的高光谱遥感影像分类[J]. 光谱学与光谱分析, 30(10): 2724-2728.

梁志林, 张立燕, 曾现灵, 等, 2017. 高光谱遥感城市植被识别方法研究[J]. 地理空间信息, 15(2): 72-75.

廖钦洪, 顾晓鹤, 李存军, 等, 2012. 基于连续小波变换的潮土有机质含量高光谱估算[J]. 农业工程学报, 28(23): 132-139.

林川, 宫兆宁, 赵文吉, 等, 2013. 基于光谱特征变量的湿地典型植物生态类型识别方法——以北京野鸭湖湿地为例[J]. 生态学报, 33(4): 1172-1185.

刘辉, 宫兆宁, 赵文吉, 2014. 基于挺水植物高光谱信息的再生水总氮含量估测——以北京市门城湖湿地公园为例[J]. 应用生态学报, 25(12): 3609-3618.

刘克, 赵文吉, 郭逍宇, 等, 2012. 基于地面实测光谱的湿地植物全氮含量估算研究[J]. 光谱学与光谱分析, 32(2): 465-471.

鲁如坤, 2000. 土壤农业化学分析方法[M]. 北京: 中国农业科技出版社.

吕瑞兰, 2003. 小波阈值去噪的性能分析及基于能量元的小波阈值去噪方法研究[D]. 杭州: 浙江大学.

彭涛, 2008a. 3S 技术支持下的高原湿地纳帕海景观格局变化研究[D]. 昆明: 西南林学院.

彭涛, 2008b. 我国高原湿地研究进展[J]. 陕西教育, (3): 106-107.

祁敏, 张超, 2016. 森林理化参数高光谱遥感反演研究进展[J]. 世界林业研究, 29(1): 52-57.

邱琳, 林辉, 臧卓, 等, 2013. 基于均值置信区间带的湿地植被高光谱特征波段选择[J]. 中南林业科技大学学报, 33(1): 41-45.

任广波, 张杰, 汪伟奇, 等, 2014. 基于 HJ-1 高光谱影像的黄河口芦苇和碱蓬生物量估测模型研究[J]. 海洋学研究, 32(4): 27-34.

商贵艳, 2015. 基于高光谱监测不同覆盖度下小麦叶层氮含量的研究[D]. 南京: 南京农业大学.

沈艳, 2006. 植被生化组分高光谱遥感定量反演研究——以西双版纳地区为例[D]. 南京: 南京信息工程大学.

史飞飞, 2017. 基于 HJ-1A HSI 高光谱遥感数据的湟水流域典型植被分类[D]. 西宁: 青海师范大学.

史舟, 2014. 土壤地面高光谱遥感原理与方法[M]. 北京: 科学出版社.

孙延奎, 2005. 小波分析及其应用[M]. 北京: 机械工业出版社.

孙永华, 张冬冬, 田杰, 等, 2018. 基于高光谱的湿地植被冠层叶绿素反演研究[J]. 河北师范大学学报(自然科学版), 42(2): 157-164.

谭炳香, 2006. 高光谱遥感森林类型识别及其郁闭度定量估测研究[D]. 北京: 中国林业科学研究院.

汤蕾, 赵冰梅, 许东, 等, 2008. 国外湿地研究进展[J]. 安徽农业科学, 36(1): 299-301.

唐延林, 2004. 水稻高光谱特征及其生物理化参数模拟与估测模型研究[D]. 杭州: 浙江大学.

田明璐, 2017. 西北地区冬小麦生长状况高光谱遥感监测研究[D]. 杨凌: 西北农林科技大学.

田庆久, 闵祥军, 1998. 植被指数研究进展[J]. 地球科学进展, 13(4): 327-333.

童庆禧, 张兵, 郑兰芬, 2006a. 高光谱遥感: 原理、技术与应用[M]. 北京: 高等教育出版社.

童庆禧, 张兵, 郑兰芬, 2006b. 高光谱遥感的多学科应用[M]. 北京: 电子工业出版社.

童庆禧, 张兵, 张立福, 2016. 中国高光谱遥感的前沿进展[J]. 遥感学报, 20(5): 689-707.

万余庆, 谭克龙, 周日平, 2006. 高光谱遥感应用研究[M]. 北京: 科学出版社.

王福民, 黄敬峰, 唐延林, 等, 2007. 采用不同光谱波段宽度的归一化植被指数估算水稻叶面积指数[J]. 应用生态学报, 18(11): 2444-2450.

王弘, 施润和, 刘浦东, 等, 2016. 植物光学模型估算叶片类胡萝卜素含量的一种双归一化差值-比值植被指数[J]. 光谱学与光谱分析, 36(7): 2189-2194.

王洁, 徐瑞松, 马跃良, 等, 2008. 植被含水量的遥感反演方法及研究进展[J]. 遥感信息, (1): 100-105.

王莉雯, 卫亚星, 2016. 湿地土壤全氮和全磷含量高光谱模型研究[J]. 生态学报, 36(16): 5116-5125.

韦玮, 李增元, 谭炳香, 2010. 高光谱遥感技术在湿地研究中的应用[J]. 世界林业研究, 23(3): 18-23.

卫亚星, 王莉雯, 2017. 乌梁素海湿地芦苇最大羧化速率的高光谱遥感[J]. 生态学报, 37(3): 841-850.

吴见, 彭道黎, 2012. 基于空间信息的高光谱遥感植被分类技术[J]. 农业工程学报, 28(5): 150-153.

吴建付, 陈功, 杨红丽, 等, 2009. 利用高光谱技术进行草地地上生物量估测[J]. 草业与畜牧, (4): 1-3.

吴培强, 张杰, 马毅, 等, 2015. 基于地物光谱可分性的 CHRIS 高光谱影像波段选择及其分类应用[J]. 海洋科学, 39(2): 20-24.

肖艳芳, 2013. 植被理化参数反演的尺度效应与敏感性分析[D]. 北京: 首都师范大学.

谢凌雁, 2010. 滇池福保人工湿地水生植物研究[D]. 昆明: 西南林业大学.

邢丽玮, 李小娟, 李昂晟, 等, 2013. 基于高光谱与多光谱植被指数的洪河沼泽植被叶面积指数估算模型对比研究[J]. 湿地科学, 11(3): 313-319.

薛立, 杨鹏, 2004. 森林生物量研究综述[J]. 福建林学院学报, 24(3): 283-288.

杨乐婵, 2017. 基于 GEP 算法和高光谱数据的植物主要理化参数估算研究[D]. 南京: 南京大学.

杨永恬, 田听, 冯仲科, 等, 2004. 遥感混和分类算法及其在森林分类中的应用[J]. 测绘科学, 29(4): 55-56.

姚阔, 郭旭东, 南颖, 等, 2016. 植被生物量高光谱遥感监测研究进展[J]. 测绘科学, 41(8): 48-53.

张超, 王妍, 2010. 森林类型遥感分类研究进展[J]. 西南林学院学报, 30(6): 83-89.

张超, 黄清麟, 朱雪林, 等, 2011. 基于 ETM+和 DEM 的西藏灌木林遥感分类技术[J]. 林业科学, 47(1): 15-21.

张超, 王妍, 宋维峰, 2014. 云南省元阳梯田遥感辅助识别特征研究[J]. 水土保持研究, 21(5): 221-224.

张树文, 颜凤芹, 于灵雪, 等, 2013. 湿地遥感研究进展[J]. 地理科学, 33(11): 1406-1412.

章文龙, 曾从盛, 仝川, 等, 2013. 闽江口沼泽植被地上鲜生物量与植株密度高光谱遥感估算[J]. 自然资源学报, 28(12): 2056-2067.

章文龙, 曾从盛, 高灯州, 等, 2014. 闽江河口湿地秋茄叶绿素含量高光谱遥感估算[J]. 生态学报, 34(21):

6190-6197.

赵魁义, 1999. 中国沼泽志[M]. 北京: 科学出版社.

赵天舸, 于瑞宏, 张志磊, 等, 2016. 湿地植被地上生物量遥感估算方法研究进展[J]. 生态学杂志, 35(7): 1936-1946.

赵雅莉, 2013. 基于AISA影像的湿地植物叶绿素含量估算模型研究[D]. 北京: 首都师范大学.

赵志龙, 张镱锂, 刘林山, 等, 2014. 青藏高原湿地研究进展[J]. 地理科学进展, 33(9): 1218-1230.

朱蕾, 徐俊锋, 黄敬峰, 等, 2008. 作物植被覆盖度的高光谱遥感估算模型[J]. 光谱学与光谱分析, 28(8): 1827-1831.

Akira H, Marguerite M, Roy W, 2003. Hyperspectral image data for mapping wetland vegetation[J]. Wetlands, 23(2): 436-448.

Alonzo M, Roth K, Roberts D, 2013. Identifying Santa Barbara's urban tree species from AVIRIS imagery using canonical discriminate analysis[J]. Remote Sensing Lerrers, 4(5): 513-521.

Banskota A, Wynne R H, Kayatkha N, 2011. Improving within-genus tree species discrimination using the discrete wavelet transform applied to airborne hyperspectral data[J]. International Journal of Remote Sensing, 32(13): 3551-3563.

Barducci A, Guzzi D, Marcoionni P, et al., 2009. Aerospace wetland monitoring by hyperspectral imaging sensors: A case study in the coastal zone of San Rossore Natural Park[J]. Journal of Environmental Management, 90(7): 2278-2286.

Bbalali S, Hoseini S A, Ghorbani R, et al., 2013. Relationships between nutrients and chlorophyll a concentration in the international Alma Gol Wetland, Iran[J]. Journal of Aquaculture Research & Development, 4(3): 97-101.

Blackburn G A, 2007. Hyperspectral remote sensing of plant pigments[J]. Journal of Experimental Botany, 58(4): 855-867.

Boochs F, Kupfer G, Dockter K, et al., 2007. Shapes of the red edge as vitality indicator for plants[J]. International Journal of Remote Sensing, 11(10): 1741-1753.

Carvalho L M T, 2004. Selection of imagery data and classifiers for mapping Brazilian semi deciduous Atlantic forests[J]. International Journal of Applied Earth Observation and Geoinformation, 20(5): 173-186.

Chanseok R, Masahiko S, Mikio U, 2011. Multivariate analysis of nitrogen content for rice at the heading stage using reflectance of airborne hyperspectral remote sensing[J]. Field Crops Research, 122(3): 214-224.

Elvidge C D, Chen Z, 1995. Comparison of broad-band and narrow-band red and near-infrared vegetation indices[J]. Remote Sensing of Environment, 54(1): 38-48.

Etteieb S, Louhaichi M, Kalaitzidis C, et al., 2013. Mediterranean forest mapping using hyper-spectral satellite imagery[J]. Arabian Journal of Geosciences, 6(12): 5017-5032.

Fava F, Colombo R, Bocchi S, et al., 2009. Identification of hyperspectral vegetation indices for mediterranean pasture characterization[J]. International Journal of Applied Earth Observation and Geoinforrnation, 11(4): 233-238.

Filippi A M, Jensen J R, 2007. Effect of continuum removal on hyperspectral coastal vegetation classification using a fuzzy learning vector quantizer[J]. IEEE Transactions on Geoscience & Remote Sensing, 45(6): 1857-1869.

Jokela A, Sarjala T, Huttunen S, 1998. Structure and function of Scots pine needles at different availabilities of potassium[J]. Trees - Structure and Function, 12(8): 490-498.

Klemas V, 2014. Remote sensing of coastal wetland biomass: An overview[J]. Journal of Coastal Research, 29(5): 1016-1028.

Kumar T, Panigrahy S, Kumar P, et al., 2013. Classification of floristic composition of mangrove forests using hyperspectral data: Case study of Bhitarkanika National Park, India[J]. Journal of Coastal Conservation, 17(1): 121-132.

Maire G L, François C, Soudani K, et al., 2008. Calibration and validation of hyperspectral indeces for the estimation of broadleaved forest leaf chlorophyll content, leaf mass per area, leaf area index and leaf canopy biomass[J]. Remote Sensing of Environment, 112(10): 3846-3864.

Mercy O, Onisimo M, John O, et al., 2016. Application of topo-edaphic factors and remotely sensed vegetation indices to enhance biomass estimation in a heterogeneous landscape in the Eastern Arc Mountains of Tanzania[J]. Geocarto International, 31(1): 1-21.

Milton N M, Eiswerth B A, Ager C M, et al., 1991. Effect of phosphorus deficiency on spectral reflectance and morphology of soybean plants[J]. Remote Sensing of Environment, 36(2): 121-127.

Neuenschwander A, Crawford M M, Provancha M J, 1998. Mapping of coastal wetlands via hyperspectral AVIRIS data[J]. IEEE International Geoscience & Remote Sensing Symposium Proceedings, 97(2): 189-191.

Peng G, Pu R, Biging G S, et al., 2003. Estimation of forest leaf area index using vegetation indeces derived from Hyperion hyperspectral data[J]. IEEE Transactions on Geoscience & Remote Sensing, 41(6): 1355-1362.

Pinnel N, Kobryn H, Heege T, et al., 2008. A Hyperspectral, Remote-sensing Approach to Spectral Discrimination of Marine Habitats at Ningaloo Reef, Western Australia[M]. Cairns: International Coral Reef Symposium.

Schmid T, Koch M, Gumuzzio J, et al., 2004. A spectral library for a semiarid wetland and its application to studies of wetland degradation using hyperspectral and multi-spectral data[J]. International Journal of Remote Sensing, 25(13): 2485-2496.

Schmidt K S, Skidmore A K, 2003. Spectral discrimination of vegetation types in a coastal wetland[J]. Remote Sensing of Environment, 85(1): 92-108.

Thomas K, 2001. A comparison of multispectral and multi temporal information in high spatial resolution imagery for classification of individual tree species in a temperate hardwood forest[J]. Remote Sensing of Environment, 75(1): 100-112.

Tian Y Q, Qian Y U, Zimmerman M J, et al., 2010. Differentiating aquatic plant communities in a eutrophic river using hyperspectral and multispectral remote sensing[J]. Freshwater Biology, 55(8): 1658-1673.

Wilen B O, Tiner R W, 1993. Wetlands of the United States[C]. Netherlands: Kluver Academic Publishers.

Zomer R J, Trabucco A, Ustin S L, 2009. Building spectral libraries for wetlands land cover classification and hyperspectral remote sensing[J]. Journal of Environmental Management, 90(7): 2170-2177.

附 图

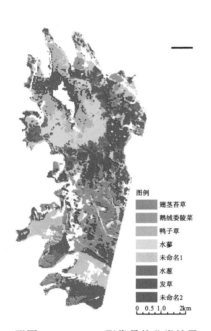

附图 1 Hyperion 影像最佳分类结果

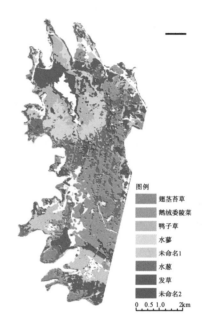

附图 2 Hyperion 融合影像最佳分类结果

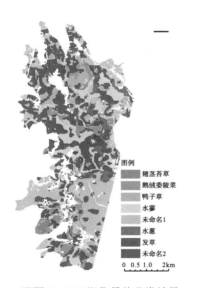

附图 3 HSI 影像最佳分类结果

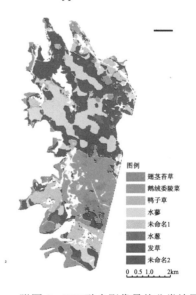

附图 4 HSI 融合影像最佳分类结果

附图 5　苔草群落

附图 6　水蓼群落

附图 7　鹅绒委陵菜群落

附图 8　发草群落

附图 9　华扁穗草群落

附图 10　水葱群落

附图 11　鸭子草群落

附图 12　偏花报春群落

附图 13　菰群落

附图 14　样地设置与光谱测量

附图 15　野外采样

附图 16　光谱测定

附图 17　室内样品风干

附图 18　配置植物消煮液混酸

附图 19　火焰光度法测定植物 Na、K 含量

附图 20　滴定